U0166383

湖南大学出版社
图书出版基金资助项目

近场超声挤压悬浮技术及应用

冯凯　李文俊　石明辉　著

湖南大学出版社·长沙

内 容 简 介

本书汇集了近场超声挤压悬浮技术的最新进展及作者在该领域的研究成果,系统地阐述了挤压气体润滑理论和挤压悬浮系统的建模及性能分析方法,详细介绍了挤压悬浮性能的实验测试技术,探究了挤压悬浮技术的性能增强方法,讨论了挤压悬浮技术的典型应用和相应的设计方法及测试手段。

本书可作为机械工程相关专业的研究生教材和教学参考书,也可作为工程技术人员的参考书。

图书在版编目(CIP)数据

近场超声挤压悬浮技术及应用/冯凯,李文俊,石明辉著. —长沙:湖南大学出版社,2023.11
ISBN 978-7-5667-2560-8

Ⅰ.①近… Ⅱ.①冯… ②李… ③石… Ⅲ.①挤压膜气体轴承—应用—研究 Ⅳ.①TH133.3

中国版本图书馆 CIP 数据核字(2022)第 112811 号

近场超声挤压悬浮技术及应用
JINCHANG CHAOSHENG JIYA XUANFU JISHU JI YINGYONG

著　　者:冯　凯　李文俊　石明辉
责任编辑:张建平
印　　装:长沙市雅捷印务有限公司
开　　本:787 mm×1092 mm　1/16　　印　张:9.25　字　数:176 千字
版　　次:2023 年 11 月第 1 版　　　　印　次:2023 年 11 月第 1 次印刷
书　　号:ISBN 978-7-5667-2560-8
定　　价:40.00 元

出 版 人:李文邦
出版发行:湖南大学出版社
社　　址:湖南·长沙·岳麓山　　　　邮　　编:410082
电　　话:0731-88822559(营销部),88821327(编辑室),88821006(出版部)
传　　真:0731-88822264(总编室)
网　　址:http://press.hnu.edu.cn
电子邮箱:574587@qq.com

前　言

伴随着半导体、超精密加工、超精密检测等领域技术的飞速发展，传统接触式支承和传输方法所带来的摩擦、磨损、发热、磕碰、污染等问题变得尤为突出。基于近场超声的挤压悬浮技术是利用高能量密度声场挤压气体产生承载力，具有结构紧凑、不受电磁干扰、启停无摩擦、无污染等优点，是理想的非接触式悬浮解决方案之一。

然而，由于气体极低的黏度和极强的可压缩性，在高频声场的作用下，挤压悬浮力会呈现出极强的非线性特性，因此，近场超声挤压悬浮技术的作用机理比较复杂，应用设计也比较特殊。鉴于此，本书汇集了作者及其团队在该领域近十年的研究成果，系统分析整理了近场超声挤压悬浮理论、悬浮和传输平台结构创新方法、性能测试技术，以达到交流研究经验、推动近场超声挤压悬浮技术应用的目的。全书共 8 章，力求详细地介绍近场超声挤压悬浮的基础理论、结构设计和性能测试技术。第 1～3 章介绍近场超声挤压悬浮技术的理论建模，并通过实验测试对比来揭示悬浮机理；第 4 章介绍考虑表面织构的近场超声挤压悬浮力和传输力增强技术；第 5 章介绍超紧凑型自驱动非接触式近场超声挤压悬浮平台的结构设计和性能分析方法；第 6～8 章介绍近场超声挤压悬浮轴承的结构设计、理论分析与测试、性能优化。

作者在近场超声挤压悬浮领域的研究得到科技部重点研发计划、国家自然科学基金和中国博士后科学基金的资助。本书的编写得到湖南大学高端智能装备关键部件研究中心的老师和研究生们的大力协助和支持，特别是蔡深岭、余庆华、平原、叶航飞，作者向他们致以衷心的感谢。感谢张鹏飞、杨思永、刘远远、杨曼、龚涛在他们从事学位论文期间所做的创造性工作。

由于作者知识和水平有限，加之行业对近场超声挤压悬浮技术的需求日趋增强和复杂，很多新方法和新技术难以全面涉及，书中难免存在不足之处，希望读者批评指正。

《近场超声挤压悬浮技术及应用》编写组

2022 年 6 月

目　次

第1章 绪 论

声悬浮技术是一种新型的非接触悬浮技术，但声场的非线性特性阻碍了人们对其悬浮机理的理解。非线性声场中的各种物理效应和悬浮承载机理仍是当前研究的前沿课题。声悬浮技术的独特优点使其在自然科学和工程领域中得到了一定程度的应用。本章将首先对非接触悬浮技术及其特点进行介绍，然后对声悬浮技术的分类、工作原理及其求解方法展开介绍，最后介绍近场声悬浮技术在工程领域的几种典型应用。

1.1 非接触悬浮技术及其特点

科学技术与现代化产业的快速发展对精密仪器及加工设备的性能提出了更高的要求。传统接触式支承及传输会产生一定程度的摩擦、磨损和样品污染，限制了仪器设备性能的提升。非接触式悬浮技术是指通过各种非接触形式的力使物体悬浮的方法，目前在工程实际中得到应用的非接触式悬浮技术主要包括磁悬浮、静电悬浮、光悬浮、气动悬浮和声悬浮[1]。

磁悬浮可以分为永磁悬浮、电磁悬浮和超导悬浮[2-4]，其悬浮力来自磁性材料间的吸引或排斥作用。永磁悬浮主要利用同极磁性间产生的斥力来实现悬浮，其斥力可以达到 1 kg/cm^2，采用永磁悬浮的系统需要科学布置磁铁位置，以克服其横向不稳定性。电磁悬浮通过高频变化的磁场强度使金属表面产生涡流，进而实现对金属的悬浮，它是目前应用最为广泛的磁悬浮技术。电磁悬浮要求被悬浮物体具有较好的导电性，且不能应用于高温环境。超导悬浮利用超导线圈产生的强大磁场实现对物体的悬浮，其在悬浮列车上应用时，需要达到很高速度才能实现稳定悬浮。

静电悬浮中克服重力使样品悬浮的力来自电场中受到的库仑力[5]。静电悬浮能够实现对导电材料、绝缘材料及不带电颗粒的悬浮。但是，静电悬浮需要闭环控制系统才能实现稳定悬浮。此外，静电悬浮在高温环境下，静电荷会随着时间而消失，悬浮不能保持，故其仅适用于较低的温度环境。

光悬浮是指颗粒物在光束照射下与光子发生碰撞受到光辐射压力作用而悬浮的一种

方式[6]。激光的高强度辐射会使悬浮颗粒周围的介质中产生一定的温度梯度，进而形成一定的热载荷。热载荷不仅影响悬浮力，而且会影响颗粒悬浮的稳定性。光悬浮仅能实现纳牛顿级的悬浮力，适用于尺寸微小、操作范围在微米级的悬浮颗粒[7]。

气动悬浮是利用气体的流动来产生悬浮力的一种方式。根据气体流动的方向可将气动悬浮分为气垫悬浮[8]和伯努利悬浮[7,9]。在气垫悬浮中，气体流经气孔在物体表面与被悬浮物体间形成克服物体重力的气膜压力。在伯努利悬浮中，系统结构与气垫悬浮相似，但是气体从上至下流经喷管，进入小间隙时，流速变大，压强减小，进而形成对物体向上的吸引力。气动悬浮使用时需要压力供给及空气过滤装置。

通常声源以超声频率振动时会在其辐射表面形成高能量的密度声场，该声场会产生较强的声辐射压力，当声辐射压力与物体重力平衡时，物体将被悬浮起来，这种技术被称为声悬浮技术[10]。相比于其他悬浮技术，声悬浮技术对被悬浮物体的材料不再限制。悬浮系统结构紧凑，不再需要外部流体供给装置，稳定性较强，同时具有较高的悬浮精度。根据悬浮特点，声悬浮技术可以分为驻波悬浮和近场声悬浮两种类型。两种悬浮方式都是利用高频振动的物体产生的声辐射力来平衡物体的重力，但是它们在悬浮系统的组成，以及被悬浮物体的形状尺寸和重量等方面有所不同。

1.2 声悬浮技术简介

1.2.1 驻波悬浮技术

德国科学家 Kundt 最早通过观测谐振管中的声波悬浮灰尘颗粒发现了驻波悬浮现象[11]。典型的驻波悬浮原理如图 1.1 所示。发射端高频振动向外辐射声波，入射波到达反射端被反射形成反射波，入射波和反射波最终叠加在一起形成驻波。发射端和反射端之间的距离为半波长的整数倍，发射端和反射端之间形成多个声压波节，声场对物体产生竖直方向和水平方向上的作用力来实现对物体的悬浮。被悬浮物体稳定在声压波节附近，通常物体的尺寸小于半个波长，且物体的重量较小。基于以上特点，驻波悬浮主要应用于悬浮物体质量不大、形状多为颗粒或球体的场合，如自由液滴、材料的无容器处理[12,14]、样品空间定位[15,16]、药物分子处理[17]等研究领域。

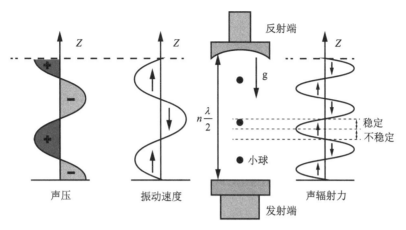

图 1.1 驻波悬浮工作原理

1.2.2 近场声悬浮技术

近场声悬浮技术又称为挤压悬浮技术，其工作原理如图 1.2 所示，悬浮物体被放置于发射端上，发射端高频振动挤压间隙中的气体，使其挤出和吸入，气压发生周期性的变化，所产生的平均气压值作用于物体形成悬浮力。物体受到的声辐射力与其重力平衡，进而被悬浮起来，悬浮高度一般为几十微米到几百微米。相比于驻波悬浮技术，近场声悬浮系统不再需要反射端，对被悬浮物体尺寸不再限制，悬浮高度通常小于半个波长，且悬浮力较大，实验已经证明能够悬浮起质量为 10 kg 的物体[18]。物体所受悬浮力与悬浮高度的关系如图 1.3 所示[19]。

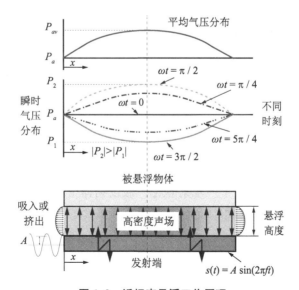

图 1.2 近场声悬浮工作原理

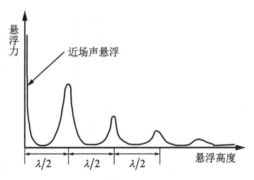

图 1.3　悬浮力与悬浮高度之间的关系

通过以上分析可知，近场声悬浮技术具有对被悬浮物体的材料不受限制、不需要气源供给及过滤装置、悬浮系统结构紧凑、悬浮精度较高等优点。基于以上特点，近场声悬浮技术主要应用于物体的非接触运输[20-22]、非接触式轴承[23]、悬浮离合器[24]、非接触式超声马达[25,26]等研究领域。然而，由于其系统组成形式及悬浮机理，近场声悬浮仍存在一定的问题，比如驱动振子的稳定性差、悬浮系统难以实现长时间的连续运行等。此外，近场声悬浮技术相比于其他悬浮技术，悬浮承载力较小，实现较大悬浮承载力对近场声悬浮技术仍是一项挑战。

1.2.3　近场声悬浮的理论模型

虽然近场悬浮系统主要由发射端和被悬浮物体两部分组成，但是其理论模型的建立相当复杂。这是因为悬浮系统结构高频振动会产生一定的弹性变形，同时被悬浮物体会表现出一定的动态特性。目前，主要基于两种理论建立挤压膜气体轴承分析模型，分别是声辐射理论和流体润滑理论[27]。

1. 基于声辐射理论的分析模型

声辐射压是作用于声场中物体的时间平均气压，Loard Rayleigh 首次对其进行了计算[28]。此后，许多研究者致力于声辐射理论的研究[29-32]。尽管对声辐射理论研究有一定的进展，但声辐射理论并未形成系统且存在一些悖论。1982 年，耶鲁大学的 Chu 和 Apfel[33]进行了具有里程碑式的研究，他们以纵向振动的圆柱形活塞为研究对象，推导了理想气体中瑞利辐射压力的计算公式。1993 年，Lee 和 Wang[34]采用欧拉坐标系代替拉格朗日坐标系，进一步扩展了声辐射理论。假设物体为刚性表面，并且发生全反射，则 Chu 和 Apfel 推导的瑞利辐射压力计算公式为：

$$p = \langle P - P_0 \rangle = \frac{1+\gamma}{2}\left(1 + \frac{\sin(2kh)}{2kh}\right)\langle E \rangle \tag{1.1}$$

$$\langle E \rangle = \left(\frac{a_0^2}{4}\right)\left(\frac{\rho_0 \omega_0^2}{\sin^2(kh)}\right), \quad k = \frac{\omega_0}{c} \tag{1.2}$$

其中，$\langle\ \rangle$ 表示时间均值，γ 为比热系数，h 为悬浮高度，k 为波数，a_0 为振动幅值，ρ_0 为介质密度，ω_0 为声波角频率，c 为介质中声波传播速度，E 为能量密度。

近场超声悬浮系统悬浮高度通常为微米数量级（几十到几百微米之间），悬浮高度远小于声场中声波的波长时，对于活塞式振动挤压悬浮系统，公式（1.1）可被简化为线性方程：

$$P = \frac{1+\gamma}{4} \rho_0 c^2 \frac{a_0^2}{h^2} \tag{1.3}$$

由公式（1.3）可知，振动幅值和悬浮高度是挤压悬浮系统非常重要的两个参数，辐射压力 P 与振动幅值的平方成正比，与悬浮高度的平方成反比。公式（1.3）通常被用于挤压传输系统或转动系统的计算，它的合理性已被研究者通过实验验证[35,36]，基于公式（1.3）的理论结果和实验结果具有较好的一致性。

此外，对于弯曲振动的挤压悬浮系统，辐射表面质点的振动速度可以表示为：

$$v(x, y, z) = \frac{1}{4\pi^2} \iint \hat{v}(k_x, k_y) \times \exp[j(k_x x + k_y y + k_z z)] \mathrm{d}k_x \mathrm{d}k_y \tag{1.4}$$

其中，$k_x^2 + k_y^2 + k_z^2 = k_a^2 = \left(\frac{\omega_0^2}{c_a^2}\right)$，$k_x$，$k_y$ 和 k_z 分别表示沿 x，y 和 z 方的波数。平面波沿 z 方向的辐射压力计算公式可以表示为：

$$p(k_x, k_y) = \frac{1+\gamma}{2} \left(1 + \frac{\sin(2k_z h)}{2k_z h}\right) \langle E_z(k_x, k_y) \rangle \tag{1.5}$$

$$\langle E_z(k_x, k_y) \rangle = \frac{\rho_a \hat{v}^2(k_x, k_y)}{4\sin^2(kh)} \tag{1.6}$$

则总的辐射压计算公式为[89]：

$$\Upsilon|_{z=h} = \iint\limits_{k_x^2 + k_y^2 < k_a^2} p(k_x, k_y) \mathrm{d}k_x \mathrm{d}k_y \tag{1.7}$$

国内学者对基于声辐射理论的悬浮与转动系统分析模型的研究起步较晚，且相对较少。田丰君等[37]基于声辐射理论设计了一种可以同时提供径向和轴向支撑的挤压膜气体轴承，通过实验测试了悬浮间隙与转轴最大转速的关系。孙运涛等[38]设计了一种新型的压电换能器，对换能器的悬浮能力进行了测试，实验结果表明随驱动电压增加悬浮高度非线性增加，实验结果与理论结果表现出相似的变化趋势。梁延德等[39]基于声辐射理论建立了悬浮板的回复力分析模型，搭建了声悬浮系统稳定性测试实验台，测试结果证明了分析模型的有效性。

2. 基于流体润滑理论的分析模型

图 1.4 所示为基于流体润滑理论的悬浮与转动系统分析模型的发展历程。从图中可知，分析模型的发展是一个从简单到复杂的过程。随着数值计算方法和分析工具的发展，悬浮物体的动态特性和发射端表面的弹性变形逐渐被考虑进入模型，对基于近场声悬浮系统工作机理理解逐渐加深。

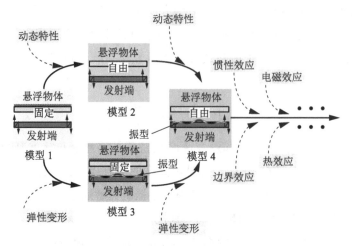

图 1.4　基于流体润滑理论的分析模型

在理论模型建立过程中，悬浮物体的状态是一个非常重要的影响因素。在早期的模型(如模型 1)中，悬浮物体被假设为固定状态，并且不考虑发射端表面的弹性变形[40-44]。Langlois[40]推导了理想气体等温状态下忽略流体惯性力的气膜压力控制方程，采用摄动法对时变的 Reynolds 方程进行求解。Beck 和 Strodtman[42]研究了有限长挤压膜气体径向轴承的承载特性，基于有限差分技术对模型进行了近似求解。DiPrima[43]采用渐进法对挤压膜轴承特性进行了分析，同时给出了近似求解结果，但是，该方法只能对一定范围内的参数进行分析。挤压悬浮系统在工作过程中，悬浮物体的运动状态是不断变化的，因此，在模型中假设悬浮物体固定是不合理的。为了更加真实地反应挤压悬浮状态，模型 2 中考虑了悬浮物体的运动状态[45-48]。发射端表面的弹性变形是另一个重要的影响因素。挤压悬浮系统悬浮高度为微米数量级，工作在共振频率下的系统结构会产生一定的弹性变形，通常为结构的模态振型，模态振型影响物体的悬浮高度，进而影响挤压悬浮效果。因此为了更加真实地描述挤压悬浮系统的实际情况，结构的弹性变形被考虑进入模型[49-51](如模型 3 和模型 4)。此外，为了更加精确地分析挤压膜气体特性，学者们提出了考虑流体惯性力的分析模型[52-54]。Nomura 和 Kamakura 等[55]推导了同时考虑流体黏性和声能量泄漏的理论模型。后来，Minikes 等人[56]以流体润滑理论为基础，在模型中分别考虑了悬浮物体和压电振动盘的动态特性，采用解析法和数值法对模型进行分析求解[57]，同时将等温假设及压力释放边界条件引入分析模型，并采用 CFD 方法进行验证。

在国内，目前有吉林大学、大连理工大学、南京航空航天大学、上海交通大学、湖南大学等高校学者对于挤压膜悬浮系统进行了研究。吴承伟[58]将表面粗糙度及其纹向考虑进入挤压膜研究中，研究了其对挤压效应的影响。贾兵等[59]建立了挤压气膜悬浮系统中圆形振子薄板与挤压膜之间的耦合方程组，采用渐近展开匹配法对气体运动方程求解，分析了悬浮系统的耦合频率特性。李锦等[60]以弯曲振动圆盘悬浮系统为研究对象，建立了考虑气体惯性力和边界效应的挤压膜模型，同时建立了挤压悬浮系统回复力的分析模型，采用该模型分析了悬浮系统的稳定性[61]。魏彬等人[62]对激振盘振型进行最小二乘拟合，将拟合函数耦合到气膜表达式中，进而考虑了模态振型对挤压悬浮效果的影响。王胜光[63]对 Reynolds 方程进行修正，研究了表面粗糙度和气体稀薄效应对挤压悬浮系统承载能力的影响。马希直等人[64]分别建立了悬浮物体固定和自由状态下的挤压气膜压力模型，研究了振幅和频率对承载力的影响，同时利用 Christensen 平均模型分析了表面粗糙度对承载力的影响。冯凯等[65]基于流体润滑理论建立了传输悬浮平台的分析模型，并对不同驱动参数下的悬浮和传输特性进行了分析。

3. 两种理论模型的对比分析

以上两种分析挤压悬浮系统的理论模型都有各自的特点。基于流体润滑理论的分析模型可以被用于分析挤压间隙中的黏性气体，但是，该分析模型仅限于分析小间隙中的气体。对于更小间隙中的气体，该分析模型具有一定的局限性。此外，基于声辐射理论的模型仅限于忽略气体黏性的分析情况[66]。Su Zhao 等人[27]通过对比分析了两种模型的计算精度。通过与实验结果对比发现，基于流体润滑理论的分析模型可以在小间隙时获得较好的拟合结果，基于声辐射理论的分析模型在相对较大的悬浮间隙时可以获得较好的拟合结果。当悬浮间隙增加到一定值时，两种模型都不再适用。在 2016 年，Ivan Melikhov 等人[67]推导了可以用于更大范围悬浮间隙的理论模型。

1.3　近场声悬浮的典型应用

近场声悬浮技术是一种以声波振动为基础的非接触悬浮技术，它是一门涉及振动学、摩擦学、流体力学、声学、材料科学和实验技术的多学科交叉技术。早在 1886 年，Reynolds[68]推导出著名的流体润滑方程之后，指出挤压效应在流体润滑膜中是一种非常重要的压力产生方式。但是，由于受到当时技术的限制，不能为挤压悬浮系统提供高频振动的振子，挤压效应并未受到学者的重视。随着压电陶瓷和电子控制技术的发展，设计和制造高频的振子已变得非常简单，挤压效应作为一种新的非接触悬浮方法又逐渐受到学者的青睐。1954 年，Tipei[69]推导了气体挤压膜理论。此后，一些关于挤压悬浮理论和实验的工作被报道，初步验证了挤压悬浮的可行性。本节将介绍近场超声悬浮几种典型的应用。

1.3.1　挤压膜气体轴承

国内外学者设计了不同类型的挤压膜气体轴承，按照轴承的结构形式可分为挤压膜气体线性轴承、挤压膜气体推力轴承、挤压膜气体球轴承和挤压膜气体径向轴承。

1. 挤压膜气体线性轴承

1993 年，Yoshimoto 和 Anno[70]提出了一种带有平衡物的矩形挤压膜气体轴承，该轴承结构主要由一个滑块和平衡物组成，它们通过压电陶瓷片连接在一起。轴承运转过程中，在滑块和导轨之间形成挤压气膜压力。后来，Yoshimoto 等[46]提出了一种带有弹性铰链用于线性移动导轨系统的挤压膜气体轴承，特意布置的弹性铰链和槽内堆叠的压电作动器构成轴承的基本结构。由于弹性铰链的引入，减小了结构的局部刚度，因此该轴承相比于文献[70]中的轴承能够产生更大的振动幅值。基于 Yoshimoto 等人在结构中引入弹性铰链来减少结构局部刚度和增加振动幅值的思想，Stolarski 和 Chai[71]提出了一种带有弹性铰链的新型挤压膜气体线性轴承。

2001 年，Wiesendanger 等人[72]提出了一种采用盘形弯曲压电作动器激励的线性滑块轴承。该轴承包含两块玻璃板组成的 V 形轨道和一个 V 形滑块，如图 1.5(a)所示。V 形轨道的张开角被设置成 90°，五个轴承模块被安装于滑块底部。该轴承可以在驱动电压为 24 V 时提供 30 N 的承载力。之后，Ide 等人[73]设计了一种由两个三角形截面梁组成的线性轴承，两个梁通过"＋"形的振动转换器连接在一起，梁的输出表面角被设置成 45°，整体构成一个滑动导轨，如图 1.5(b)所示。两个 Langevin 换能器与导轨相连，采用两相正弦电压激励换能器，驱动梁产生弯曲振动，在梁和滑块表面之间形成挤压气膜压力，进而悬浮和驱动滑块运动。Koyama 等人[74]对该滑块结构进一步研究，实验测得在悬浮距离为 2.2 μm 时，悬浮力和悬浮刚度可以分别达到 4.8 kN/m² 和 2.5 kN/ μm/m²。对于质量为 107 g 的滑块，可以产生的最大推力和驱动速度分别为 1.3 mN 和 34.6 mm/s。文献[75]设计了由一对直角梁和 Langevin 换能器构成的挤压膜气体线性轴承，如图 1.5(c)所示。Langevin 换能器安装于梁的两端，它可以激励或者吸收梁的弯曲振动，进而驱使梁产生弯曲行波。该轴承对于 90 g 质量的滑块可以实现 138 mm/s 的传输速度。

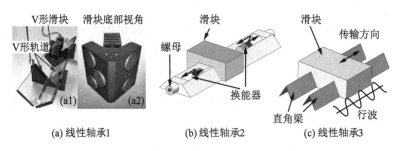

(a) 线性轴承1 (b) 线性轴承2 (c) 线性轴承3

图 1.5 基于压电陶瓷片和换能器的线性轴承结构

在国内，南京航空航天大学朱达云[76]以超声变幅杆为基础单元设计了一种新型的挤压膜气体线性轴承，装配后的轴承结构如图 1.6 所示。该线性轴承包含四个超声变幅杆，均匀装配在方形框架上。变幅杆顶端安装有振动圆盘，变幅杆带动圆盘高频振动，在圆盘与导轨接触面间形成挤压气膜压力，进而实现对导轨的支撑悬浮。导轨自重 0.345 kg，实验表明对导轨施加 0.525 kg 的负载，在悬浮高度为 2.7 μm 时，能够达到稳定悬浮。

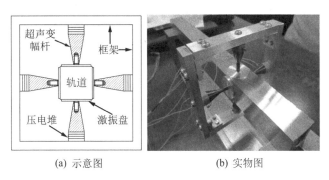

(a) 示意图　　　　　　　　(b) 实物图

图 1.6　基于换能器的超声变幅杆型线性轴承导轨

2. 挤压膜气体推力轴承

1964 年，Salbu[41] 提出了一种新型的挤压膜气体推力轴承，该轴承由两个平行同轴的平板组成，其中一个平板作为转子，另一个平板作为振子，被磁致伸缩材料做成的作动器激励，沿垂直于平板表面的方向振动，通过实验测试验证了挤压膜气体推力轴承的悬浮承载能力。后来，Beck 等人[45] 提出了一种新型的挤压膜气体推力轴承，该轴承采用压电作动器激励。

国内吉林大学常颖和田丰君等人[77,78] 设计了一种由皮带轮端面和压电换能器辐射端面组成的推力轴承，辐射端面直接作为轴承的支撑面，轴承结构如图 1.7(a) 所示。换能器工作时产生的挤压气膜压力支撑轴的重量和轴向载荷。实验结果表明该轴承具有较好的悬浮特性和减摩性能。之后，研究人员对换能器辐射端面结构进行改进，设计了不同结构的挤压膜气体推力轴承。南京航空航天大学潘松等[79] 提出了一种由两个压电振子和表面刻有凹槽的轴系组成的锥形推力轴承系统，并在此基础上搭建了微扭矩测试系统，验证了挤压膜气体推力轴承的减摩效果。宋韵光等[80] 提出了一种压电换能器辐射端面为锥形的挤压膜气体推力轴承，换能器结构如图 1.7(b) 所示。实验结果表明作者提出的轴承在高速工作条件下具有较好的稳定性。王洪臣等[81,82] 设计了一种用于支承电机转子的新型挤压膜气体推力轴承。该轴承由辐射端面为锥形的压电换能器和转子端的圆锥环组成。锥型结构的端面可以同时承受轴向和径向的载荷，研究结果表明，减小悬浮间隙可以增加气膜刚度，进而提高转子的最高转速。

(a)轴承结构　　　　　　　　　(b)换能器结构

图1.7　挤压膜气体推力轴承和锥形端面换能器

刘家郡等人[83,84]结合近场声悬浮和气浮原理提出了一种混合式的推力轴承，轴承结构示意图及测试系统如图1.8所示。该混合轴承悬浮系统由气动悬浮系统和声悬浮系统组成，其中气动悬浮系统由工作平台、支撑板和支撑底座构成，声悬浮系统主要由圆盘夹心式压电换能器、换能器支架和被悬浮物件等组成。实验结果表明，当供气压力为0.2 MPa时，混合状态下承载力大致为声悬浮和气动悬浮承载力之和的两倍。

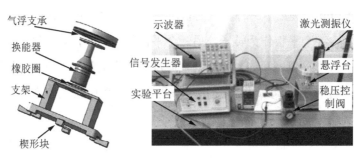

(a) 混合悬浮系统示意图　　　　　　　　(b) 测试系统

图1.8　混合式推力轴承结构及测试系统

3. 挤压膜气体球轴承

1964年，Salbu[41]提出了一种基于近场声悬浮原理的挤压膜气体球轴承。圆柱形压电振子高频振动带动基座槽振动，在槽与球形转子之间形成一层挤压气膜，使转子自由悬浮。1983年，Takada等人[44]设计了一种新型的挤压膜气体球轴承。该轴承系统主要由半球形轴承壳和一端为半球形的转子组成，采用硬铝合金加工，工作过程中轴承壳的二阶模态被激发。

在国内，刘建芳等人[85]设计了一种辐射端面为凹球形的换能器，它可以用于悬浮球形转子。作者通过有限元参数化分析，选择恰当的凹球形尺寸，研究了球形转子的悬浮高度和扰动变化。实验结果表明，当转子半径和辐射端面凹球形半径相似时，转子可以获得最大的悬浮高度和最小的悬浮扰动。2014 年，西北工业大学的洪振宇等人[86]设计了一种可以悬浮高质量转子的挤压膜气体球轴承，它可以用于悬浮直径为 40 mm 的球形转子，结构如图 1.9 所示。作者利用该球轴承成功地将 29 g 注水乒乓球、93 g 铝球、108 g 陶瓷球和 260 g 钢球悬浮起来。实验表明该轴承最大可以悬浮起 1 kg 质量的转子。文献[87]对球形转子转速的衰减规律做了进一步研究，实验结果表明球形转子可以达到的最大转速为 6 000 rpm，最长自由转动持续时间为 15 min。

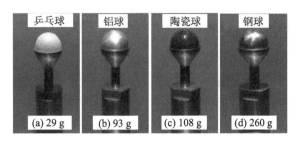

图 1.9　基于换能器的球形辐射端面式挤压膜气体球轴承

2015 年，南京航空航天大学陈超等人[88]设计了一种新型的球形转子轴承，该轴承采用碗式定子结构，如图 1.10 所示。环形压电陶瓷片被分为 A 相和 B 相两部分，粘贴在定子底部，相位差为 90° 的两路交流驱动电压分别施加到陶瓷片的 A 相和 B 相部分，激发定子产生正交工作模态，在定子表面形成高强度行波，进而实现对球形转子的非接触支撑和驱动。实验表明球形转子最大转速可以达到 1 071 rpm，该轴承对于悬浮陀螺仪具有潜在的应用价值。

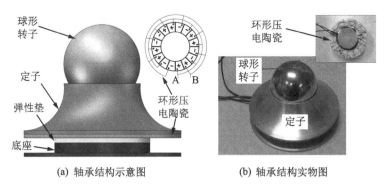

(a) 轴承结构示意图　　　　　(b) 轴承结构实物图

图 1.10　基于压电陶瓷片的碗式定子挤压膜气体球轴承

4. 挤压膜气体径向轴承

1964 年，Salbu[41]提出了一种可以通过压电圆筒和压电圆盘分别产生径向挤压承载效应和轴向挤压推力承载效应的挤压膜气体轴承。之后，文献[89]提出一种圆筒状的挤压膜气体径向轴承，该轴承采用径向极化的压电套筒激励。在该轴承中，压电套筒高频振动可以在其内外表面形成双层的挤压膜。1967 年，Emmerich 等人[90]提出了一种压电振动轴承，它由一对相邻的圆盘支撑。两圆盘沿轴线方向产生相反的应变，一个膨胀，一个收缩，故传递给轴承一个相对较大的振动幅值。1969 年，Farron 等人[91]提出了一种新型的挤压膜气体径向轴承，它由转子、应变管和支撑架组成，结构如图 1.11 所示。该轴承的核心部件是一个应变管，它可以沿平行和垂直于转子的方向产生高频低幅值的振动，在垂直于轴线方向形成双层的挤压气膜，如图中挤压膜 A 和挤压膜 B。挤压膜 A 可以使转子无摩擦转动，挤压膜 B 可以实现对应变管的支

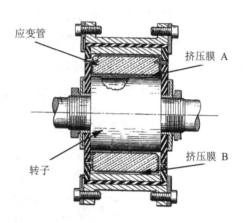

图 1.11　双层挤压膜气体径向轴承结构

撑。此外，平行于轴线的挤压运动在应变管的两端也会产生挤压效应，因此，该轴承可以同时提供轴向和径向的支撑力。

2004 年，Ha 等人[49]提出了一种结构可调的气体动压轴承，如图 1.12(a)所示。六个堆叠型压电陶瓷安装在三个凹槽内，凹槽沿轴承体圆周方向均匀分布。由于轴承结构中特别设置了一定的弹性铰链，该轴承在压电陶瓷驱动力作用下，轴承内壁由初始圆形变成三瓣波形。此外，该轴承产生的挤压气膜压力可以减弱甚至克服动压气体轴承在启动和停止阶段造成的摩擦磨损。2011 年，Stolarski[92]对 Ha 提出的气体动压轴承做了进一步的研究分析。通过理论分析和实验研究发现挤压效应可以明显提高转子不稳定的发生速度。后来，Stolarski 等人[93,94]又提出了一种结构相似的轴承，如图 1.12(b)所示。作者进一步研究了挤压效应对轴承转子运转特性的影响。实验结果表明，挤压效应对转子的振动有明显的影响。当转速为 20 krpm、外载荷为 0.31 N 时，对比有无挤压效应可知，加入挤压效应之后转子沿 x 和 y 方向的振动分别减少37.5％和42％。

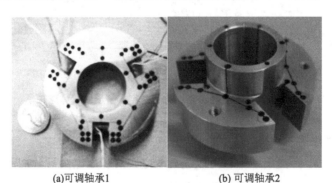

(a)可调轴承1　　　　　　　　(b) 可调轴承2

图 1.12　基于弹性铰链的挤压膜气体径向轴承

2010 年，Stolarski 等人[95]设计了三种基于挤压效应的管状挤压膜气体径向轴承，轴承结构如图 1.13 所示。作者通过在管状结构外围设置不同的支撑辅助结构实现对轴承振动模态和共振频率的调整。轴承结构 1 和 3 采用片状压电陶瓷片激励，轴承结构 2 采用环状压电陶瓷片激励。作者采用 ANSYS 软件分析轴承的模态和共振频率，并通过设计的实验台进行验证。实验结果表明轴承结构 3 与其它两种轴承结构相比，表现出了优越的悬浮承载特性。后来，Shou 等人[96]对轴承结构 3 的运转特性做了进一步研究分析。实验结果表明在一定外载作用下，加入挤压效应之后转子的失稳转速可以从 5 krpm提高到 20 krpm。2011 年，Wang 和 Joe Au[97]提出了一种与轴承结构 1 相似的挤压膜气体径向轴承，该轴承的支撑辅助结构尺寸和压电陶瓷片的安装方式与轴承结构 1 有所区别。

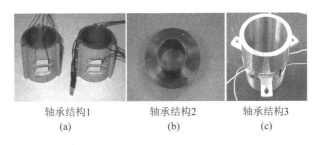

轴承结构1   轴承结构2   轴承结构3
(a)   (b)   (c)

图 1.13 三种管状挤压膜气体径向轴承

2009 年，Zhao 等人[27,98-100]设计了一种新型的挤压膜气体径向轴承。轴承结构如图 1.14 所示，主要由三个 Langevin 换能器和轴承体组成。三个换能器沿圆周方向均匀安装在轴承体上，每个辐射端面圆弧角为 100°，三个圆弧组成略大于转子外径的轴承内圈。三个换能器高频振动挤压气体，在轴承内圈和转子之间形成一层挤压气膜，实现对转子的支撑悬浮，该轴承可以实现的最大悬浮力为 51 N。后来，作者通过添加状态反馈控制器分别对单个换能器产生的声辐射力进行控制，采用频率控制方法对转子轴心实现了 100 nm 范围内的位置控制精度。

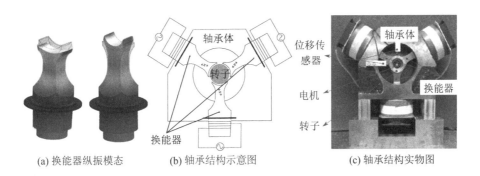

(a) 换能器纵振模态   (b) 轴承结构示意图   (c) 轴承结构实物图

图 1.14 挤压膜气体径向轴承

2018 年，Guo 等人[101]提出了一种具有双向驱动能力的非接触式径向轴承。轴承结构如图 1.15 所示，主要由端面为弧形的变幅杆、堆叠型压电圆环作动器、预紧螺栓和轴承体组成。该轴承的主要特点是其工作模式耦合了结构 1 阶纵向模态和 2 阶弯曲模态。纵向模态和弯曲模态交替变化的工作模式使得变幅杆端面产生椭圆轨迹振动，因此，变幅杆端面会产生垂直方向悬浮力和侧向方向的驱动力，分别对转子进行悬浮和驱动。实验结果表明，通过控制相位输出角可以获得±555 rpm 的转动速度，并且可以实现最小增量步长为 200 nm 的二维径向位置控制。

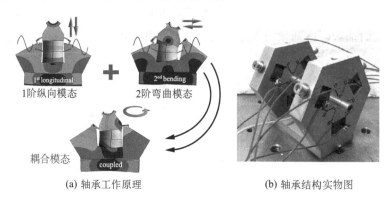

(a) 轴承工作原理   (b) 轴承结构实物图

图 1.15 双向驱动式挤压膜气体径向轴承

在国内，2013 年，王钧山等[102]设计了一种基于近场声悬浮原理的气体轴承。轴承结构如图 1.16 所示，其主要由轴承体、径向悬浮装置和两端的轴向悬浮装置组成。径向悬浮装置在压电陶瓷作用下产生弯曲振动，提供对转子径向支撑的非接触力。轴向悬浮装置振动产生轴向的支撑力。作者采用加工的轴承实现了对重量为 1.2 N 转子的悬浮。

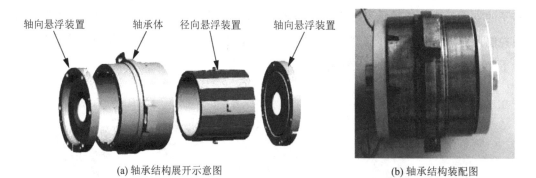

(a) 轴承结构展开示意图   (b) 轴承结构装配图

图 1.16 圆筒式挤压膜气体径向轴承

2014 年，郑东桂等人[103]研究了一种带有柔性铰链的挤压膜气体径向轴承，如图 1.17 所示。作者采用流体润滑理论分析了轴承的悬浮承载性能，同时利用优化设计方法优化了轴承结构参数，优化后的轴承获得了较大的振动幅值和悬浮承载能力。通过实验测试可知，当驱动电压为 200 V 时，转子在轴承中的悬浮高度为 12.4 μm[104]。

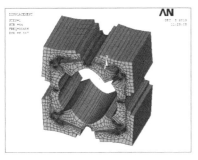

(a) 优化后的模态振型图   (b) 轴承结构实物图

图 1.17 柔性铰链式挤压膜气体径向轴承

2016 年，李贺等人[105]设计了一种同时采用三个压电换能器激励的新型挤压膜气体径向轴承，轴承结构如图 1.18 所示。作者通过在换能器辐射头中引入沟槽，使辐射头的单向纵振模式转换为同时产生纵振和弯振的模式，这样辐射头端面和侧面可以分别提供径向支撑力和轴向支撑力。实验测试结果表明该轴承可以提供最大 15 N 的径向悬浮力和 6 N 的轴向悬浮力。后来，作者对该轴承的摩擦特性和转动稳定性分别进行了研究分析[106,107]。实验结果表明，在启动和停止阶段该轴承表现出较好的性能。当转速为 20 krpm 时，轴承摩擦转矩小于 120 μNm。

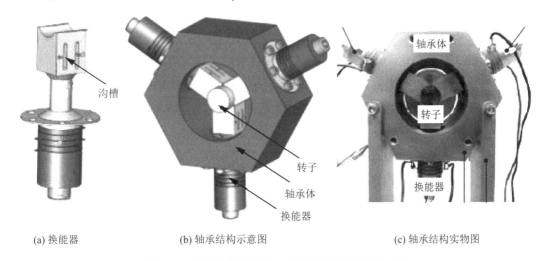

(a) 换能器   (b) 轴承结构示意图   (c) 轴承结构实物图

图 1.18 基于换能器的复合承载挤压膜气体径向轴承

1.3.2 近场声悬浮离合器

2003 年，Chang 等[24]基于两个郎之万换能器设计了一种超声离合器，结构如图 1.19(a)所示。换能器 A 作为离合器的驱动部件，与驱动轴连接，换能器 B 作为离合器的从动部件，与从动轴连接。两个换能器辐射端面在预紧力作用下而紧密接触。在离合器工作过程中，换能器在交流驱动信号作用下高频振动，辐射端面会形成悬浮声场而分离，在此状态下，驱动轴转动而从动轴静止。反之，当交流驱动信号关闭，辐射端面紧密接触时，从动轴跟随主动轴旋转。加工后的实验装置如图 1.19(b) 所示，实验结果表明在换能器辐射端面接触时，从动轴跟随主动轴转动效果良好，而当换能器辐射端面分离时，由于轴向误差和空气粘滞力等作用，从动轴会随主动轴略微转动。

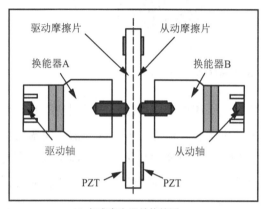
(a) 超声离合器结构简图

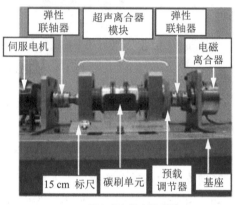
(b) 超声离合器实验系统

图 1.19　近场超声悬浮离合器

1.3.3　近场超声悬浮马达

非接触式超声马达设计灵活、结构多样，目前对它的分类还没有统一的标准。根据结构的外观形状可以分为圆盘型、圆筒型和直线型；根据驱动媒质的种类可以分为气体型和液体型；根据激振的方式，可将非接触式超声马达分为 Langevin 换能器振子型和压电陶瓷片型；根据驱动波的形式可以分为行波型和驻波型。

在国外，1989 年，Nakamura 等人[108] 设计了一种采用液体媒质驱动的非接触式超声马达，结构如图 1.20(a) 所示。马达结构主要由转子、环形压电陶瓷片、定子环和基板组成，其中转子是采用橡胶材料加工带有四个叶片的结构。定子环采用硬铝合金加工而成，其高度为 60 mm，内径和外径分别为 20 mm 和 50 mm，一端粘贴厚度为 0.5 mm 的环形压电陶瓷片。定子和转子之间充满液体介质，压电陶瓷片高频振动激发定子产生沿圆周方向的行波，行波驱动液体媒质进而驱动转子转动，作者通过实验获得了 50 rpm 的最大转速。1993 年，Hirose 等[25] 提出了一种小型化的圆板型非接触式超声马达，结构如图 1.20(b)。转子采用硬纸板制作而成，带有三个叶片，定子和转子之间存在一层气膜间隙。在压电陶瓷片激励下，定子盘表面形成行波，驱动转子转动。实验测试结果表明，直径为 10 mm 和 5 mm 的马达，转速可以分别达到 1 500 rpm 和

4 000 rpm。1997 年，Hu 等[109]提出了一种采用两个 Langevin 换能器激励的非接触式超声马达，结构如图 1.20(c)所示。两个换能器安装在圆筒形定子上，间隔距离为四分之三个波长。相位差为 90°的两路电压施加给换能器，驱动圆筒定子产生行波。在定子和转子之间形成径向声辐射力、切向黏性力和轴向黏性力。实验测试结果表明转子速度可以达到 3 200 rpm。

2012 年，Stepanenko 等[110]基于结构非对称原理提出了一种新型的非接触超声马达，如图 1.20(d)所示。环形定子和带有叶片的圆柱形转子构成了马达的基本结构。通过转子上的一个叶片与表面法线方向倾斜一定角度来实现结构的非对称，环形定子在压电陶瓷作用下激励间隙中的流体，结构的非对称导致沿圆周方向形成一定的驱动转矩，进而驱动转子转动。2016 年，Gabai 等[111]基于三个 Langevin 换能器设计了一种新型的圆盘型非接触式超声马达，结构如图 1.20(e)所示。三个换能器沿环形定子均匀分布，换能器共振频率 28 kHz。环形定子采用铝材料加工，内径为 100 mm，外径为 150 mm，厚度为 5 mm。在换能器激励下，该环形定子能够产生驻波和行波，同时为转子提供悬浮力和驱动转矩。2019 年，Hirano 等人[112]提出了一种采用超声粘滞力驱动的非接触式超声马达，结构如图 1.20(f)所示。该马达主要由六个扇形定子、扇形转子和基座组成，转子和定子之间有一层气膜隔开。作者采用有限元法进行流固和声固耦合分析获得了声压和旋转力。通过不断切换对定子的驱动，可以实现对转子的驱动。

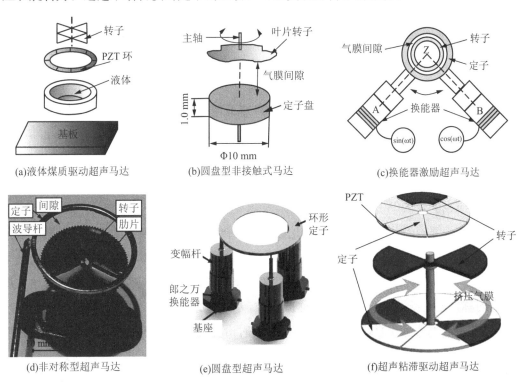

(a)液体煤质驱动超声马达　　(b)圆盘型非接触式马达　　(c)换能器激励超声马达

(d)非对称型超声马达　　(e)圆盘型超声马达　　(f)超声粘滞驱动超声马达

图 1.20　国外学者提出的不同类型非接触式超声马达

在国内，2000 年，刘景全等[113,114]设计了一种新型的圆筒型非接触式超声马达，结构如图 1.21(a)所示。该马达主要由圆筒形定子、叶片形转子和结构支架组成。定子采用硬铝材料加工而成，矩形板压电陶瓷片粘贴在圆筒定子外表面，激励定子产生周向行波，定子和转子之间间隙为 1 mm，间隙内充满空气。实验表明，单路信号激励下的马达在无负载情况下转速最大可以达到 2 026 rpm。作者同时分析了周向行波激励的原理，为圆筒定子周向行波的产生提供了理论依据。后来，胡俊辉等[115]利用多层压电陶瓷片设计了一种驻波直线型非接触式超声马达，结构如图 1.21(b)所示。矩形定子板采用铝材料加工，分为振动激励和运转两部分，其中振动激励部分厚度均匀，运转部分长度为 283 mm，沿长度方向厚度不断变化。实验测试结果表明，单位面积重量为 7.4 mN/cm² 的转子可以实现平均 10 cm/s 的运转速度。夏长亮等[116-120]对文献[108]提出的非接触超声马达进行了理论分析和实验研究，研究结果表明该马达内流场的驱动力由雷诺切应力提供，采用有限元法对马达内部流场进行了数值仿真，同时讨论了马达运行过程中存在的饱和流速。此外，作者通过采用设计的马达驱动系统获得了该超声波马达的最佳性能。之后，夏长亮等[121]又对超声波马达转子稳定性进行了理论分析和实验研究，提出了转子稳定性的分析模型。通过仿真发现马达流场中存在切向流动和径向流动，切向流动驱动转子旋转，而径向流动影响转子稳定性。实验结果表明，通过控制液体高度、液体媒质粘度系数和驱动电压可以控制转子稳定性。2005 年，季叶和赵淳生[122]提出了一种新型的圆筒型非接触超声马达，结构如图 1.21(c)。圆筒型定子内径为 26 mm，外径为 31 mm，长为 30 mm。陶瓷片通过环氧树脂粘贴在圆筒表面矩形槽内，采用橡胶材料制作定子支撑。作者采用声流理论对驱动力进行了分析，实验测试结果表明转子最高转速达到 2 100 rpm。后来，又提出了一种高转速的圆盘型非接触式超声马达[123]，如图 1.21(d)所示，实验结果表明该马达最高转速可以达到 6 031 rpm。

杨斌等[124]设计了一种新型的圆盘型非接触压电微马达，结构如图 1.21(e)。该马达转子采用 SU-8 胶制作而成，基于该转子材料，作者通过对不同形状和尺寸的转子研究分析，获得了该马达的最优结构，当驱动电压为 20 V 时，转子最大转速为 3 569 rpm。邹楠等[125]利用边界层理论分析了非接触超声马达声流的产生，运用有限元方法获得了流体媒质内部声场的声压分布。鄂世举等[126]利用非对称波驱动转子设计了一种圆筒型非接触式超声马达。作者通过在圆筒型定子上粘贴压电陶瓷造成定子结构周向非对称，进而激发定子产生非对称振动波，形成的声辐射压力驱动转子转动。陈超等[127]基于近场声悬浮原理设计了一种可以同时沿径向和轴向辐射声场的非接触式超声马达，如图 1.21(f)所示。轴向定子和径向定子耦合的工作方式可以实现对球形转子的灵活控制，确保了球形转子的稳定性。作者通过搭建的悬浮特性测试系统对该马达进行测试，获得了 691.5 rpm 的转速。

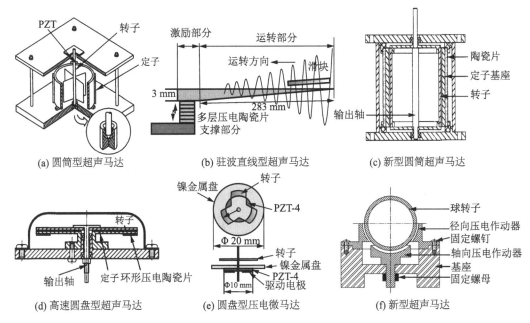

(a) 圆筒型超声马达 (b) 驻波直线型超声马达 (c) 新型圆筒超声马达

(d) 高速圆盘型超声马达 (e) 圆盘型压电微马达 (f) 新型超声马达

图 1.21　国内学者提出的不同类型非接触式超声马达

1.3.4　近场超声传输系统

　　基于近场声悬浮的非接触传输系统以结构简单及对悬浮物体材料无要求的特点，在精密器械加工和晶圆传输中具有潜在的应用前景。研究人员分别从不同方面对超声传输系统进行了研究。1997 年，Hashimoto 等[128]基于近场声悬浮原理提出了一种用于晶圆传输的悬浮系统，成功实现了对于 8 英寸晶圆的传输。Loh 等[129]设计了一种基于弯曲超声行波的传输系统，实验结果表明，当系统输入功率为 40 W 时，重量为 30 g 的物体可以实现 10 cm/s 的传输速度。为了增大被悬浮物体的尺寸，Amano 等[20]采用多个超声换能器设计了一种用于大尺寸平板物体的传输系统。为了增大被悬浮物体的传输速度，Osawa 和 Nakamura[130]提出了一种高速的非接触传输系统，研究结果表明作者设计的传输系统可以达到 293~543 mm/s。Ishii 等[131]从增大被传输物体的重量出发，搭建了一个用于重量较大物体的传输系统，该系统可以实现最大重量为 4 kg 悬浮物体的传输。此外，研究者还从传输系统的传输方向和增大传输距离方面开展了研究。Koyama 和 Nakamura[132]基于弯曲行波设计了一种用于小型颗粒物体的长距离传输系统。Thomas 等[133]采用环形振子实现了小颗粒物体的长距离传输。此外，Koyama[134]和 Kashima[135]通过采用多个换能器实现了对物体的二维传输。

　　图 1.22 所示为日本东京工业大学 Hashimoto 教授等[22]基于近场声悬浮原理提出的一种用于平面物体的非接触传输系统。传输系统主要由两个郎之万换能器和矩形薄板组成，其中一个换能器作为声发射器，另一个作为声接收器。矩形薄板长宽厚尺寸分别为

609 mm×70 mm×3 mm，矩形薄板一端连接声发生器，产生正弦波，另一端连接声接收器能量。换能器工作后将在矩形薄板中形成弯曲行波，并在表面形成声辐射力，该力可将物体悬浮并从发射端运输到接收端。实验结果表明，当激振频率和幅值分别为19.5 kHz 和 20 μm，被悬浮物体质量为 8.6 g 时，该传输系统可以实现 0.7 m/s 的稳定传输速度。

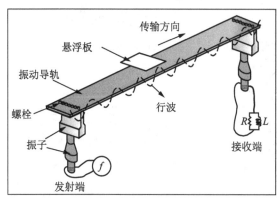 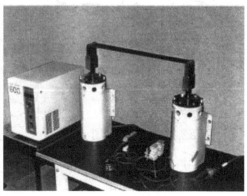

(a) 非接触传输系统　　　　　　　　　(b) 传输平台实验系统

图 1.22　近场超声悬浮传输系统

1.4　结　论

本章介绍了磁悬浮、静电悬浮、光悬浮、气动悬浮和声悬浮技术的特点。其中超声浮根据悬浮特点又可以分为驻波悬浮和近场声悬浮，目前对于近场声悬浮理论模型的建立主要基于声辐射理论和流体润滑理论。此外，还介绍了近场声悬浮技术在轴承、离合器、马达及非接触传输领域的应用，而对于非接触悬浮传输和轴承方面的研究将是本书介绍的重点。

参考文献

[1] VANDAELE V, LAMBERT P, DELCHAMBRE A. Non-contact handling in microassembly：Acoustical levitation[J]. Precision engineering, 2005，29(4)：491-505.

[2] KANG B J, HUNG L S, KUO S K, et al. H∞ 2 DOF control for the motion of a magnetic suspension positioning stage driven by inverter-fed linear motor[J]. Mechatronics, 2003，13(7)：677-696.

[3] MOTOKAWA M, HAMAI M, SATO T, et al. Magnetic levitation experiments in Tohoku University[J]. Physica B：Condensed Matter, 2001，294：729-735.

[4] PARK K H, LEE S K, YI J H, et al. Contactless magnetically levitated silicon wafer transport

system[J]. Mechatronics, 1996, 6(5): 591-610.

[5] 胡亮，鲁晓宇，侯智敏. 静电悬浮技术研究进展[J]. 物理，2007(12): 944-950.

[6] ASHKIN A. Acceleration and trapping of particles by radiation pressure[J]. Physical review letters, 1970, 24(4): 156.

[7] PEIRS J. Design of micromechatronic systems: scale laws, technologies, and medical applications [D]. Boston: Harvard University, 2001.

[8] ERZINCANLI F, SHARP J M, ERHAL S. Design and operational considerations of a non-contact robotic handling system for non-rigid materials[J]. International Journal of Machine Tools and Manufacture, 1998, 38(4): 353-361.

[9] WALTHAM C, BENDALL S, KOTLICKI A. Bernoulli levitation [J]. American Journal of Physics, 2003, 71(2): 176-179.

[10] ANDRADE M A B, PÉREZ N, ADAMOWSKI J C. Review of progress in acoustic levitation[J]. Brazilian Journal of Physics, 2018, 48(2): 190-213.

[11] A. KUNDT, Ueber Doppelbrechung des Lichtes in Metallschichten, welche durch Zerstäuben einer Kathode hergestellt sind. Annalen der Physik, 1886, 263(1): 59-71.

[12] WHYMARK R R. Acoustic field positioning for containerless processing[J]. Ultrasonics, 1975, 13(6): 251-261.

[13] HERLACH D M, COCHRANE R F, EGRY I, et al. Containerless processing in the study of metallic melts and their solidification [J]. International Materials Reviews, 1993, 38 (6): 273-347.

[14] REY C A, MERKLEY D R, HAMMARLUND G R, et al. Acoustic levitation technique for containerless processing at high temperatures in space[J]. Metallurgical Transactions A, 1988, 19 (11): 2619-2623.

[15] WANG T G. Acoustic levitation and manipulation for space application[J]. The Journal of the Acoustical Society of America, 1976, 60(S1): S21-S21.

[16] BARMATZ M B. System for controlled acoustic rotation of objects[J]. The Journal of the Acoustical Society of America, 1984, 75(6): 1926-1927.

[17] BENMORE C J, WEBER J K R. Amorphization of molecular liquids of pharmaceutical drugs by acoustic levitation[J]. Physical Review X, 2011, 1(1): 011004.

[18] MATSUO E, KOIKE Y, NAKAMURA K, et al. Holding characteristics of planar objects suspended by near-field acoustic levitation[J]. Ultrasonics, 2000, 38(1-8): 60-63.

[19] REINHART G, HOEPPNER J, ZIMMERMANN J. Non-contact handling of wafers and microparts using ultrasonics[C]//Proc. of 7 th Mechatronics Forum Int. Conf. Elsevier. 2000.

[20] AMANO T A T, KOIKE Y K Y, NAKAMURA K N K, et al. A multi-transducer near field acoustic levitation system for noncontact transportation of large-sized planar objects[J]. Japanese journal of applied physics, 2000, 39(5 S): 2982.

[21] Y. HASHIMOTO, Y. KOIKE, AND S. UEHA, Noncontact suspending and transporting

planar objects by using acoustic levitation[J]. IEEJ Transactions on Industry Applications, 1997, 117(11): 1406-1407.

[22] HASHIMOTO Y, KOIKE Y, UEHA S. Transporting objects without contact using flexural traveling waves[J]. The Journal of the Acoustical Society of America, 1998, 103(6): 3230-3233.

[23] SHI M, FENG K, HU J, et al. Near-field acoustic levitation and applications to bearings: a critical review[J]. International Journal of Extreme Manufacturing, 2019, 1(3): 032002.

[24] CHANG K T. A novel ultrasonic clutch using near-field acoustic levitation[J]. Ultrasonics, 2004, 43(1): 49-55.

[25] HIROSE S, YAMAYOSHI Y, ONO H. A small noncontact ultrasonic motor[C]//1993 Proceedings IEEE Ultrasonics Symposium. IEEE, 1993: 453-456.

[26] SHI M, LIU X, FENG K, et al. Experimental and numerical investigation of a self-adapting noncontact ultrasonic motor[J]. Tribology International, 2021, 153: 106624.

[27] ZHAO S, MOJRZISCH S, WALLASCHEK J. An ultrasonic levitation journal bearing able to control spindle center position[J]. Mechanical Systems and Signal Processing, 2013, 36 (1): 168-181.

[28] LODGE O, BRAGG W L. The London, Edinburgh, and Dublin philosophical magazine and journal of science[M]. London: Taylor & Francis, 1840.

[29] POST E J. Radiation pressure and dispersion[J]. The Journal of the Acoustical Society of America, 1953, 25(1): 55-60.

[30] ROONEY J A, NYBORG W L. Acoustic radiation pressure in a traveling plane wave[J]. American Journal of Physics, 1972, 40(12): 1825-1830.

[31] BEYER R T. Radiation pressure—the history of a mislabeled tensor[J]. The Journal of the Acoustical Society of America, 1978, 63(4): 1025-1030.

[32] LEE C P, WANG T G. Acoustic radiation pressure[J]. The Journal of the Acoustical Society of America, 1993, 94(2): 1099-1109.

[33] CHU B T, APFEL R E. Acoustic radiation pressure produced by a beam of sound[J]. The Journal of the Acoustical Society of America, 1982, 72(6): 1673-1687.

[34] LEE C P, WANG T G. Acoustic radiation pressure[J]. The Journal of the Acoustical Society of America, 1993, 94(2): 1099-1109.

[35] HASHIMOTO Y, KOIKE Y, UEHA S. Near-field acoustic levitation of planar specimens using flexural vibration [J]. The Journal of the Acoustical Society of America, 1996, 100 (4): 2057-2061.

[36] UEHA S, HASHIMOTO Y, KOIKE Y. Non-contact transportation using near-field acoustic levitation[J]. Ultrasonics, 2000, 38(1-8): 26-32.

[37] 田丰君, 车小红, 杨志刚, 等. 双向支撑超声波悬浮轴承的设计[J]. 光学精密工程, 2009, 17 (04): 813-818.

[38] 孙运涛, 陈超. 基于近声场的超声悬浮试验[J]. 振动. 测试与诊断, 2011, 31(05): 578-

581+663.

[39] 梁延德，魏剑宇，何福本，等. 超声波近场悬浮稳定性提高方法与实验研究[J]. 机械设计与制造，2015(11)：46-49.

[40] LANGLOIS W E. Isothermal squeeze films[J]. Quarterly of Applied Mathematics，1962，20(2)：131-150.

[41] SALBU E O J. Compressible squeeze films and squeeze bearings[J]. Journal of Basic Engineering，1964，86(2)：355-364.

[42] BECK J V，STRODTMAN C L. Load support of the squeeze-film journal bearing of finite length [J]. Journal of Lubrication Technology，1968，90(1)：157-161.

[43] DIPRIMA R C. Asymptotic methods for an infinitely long slider squeeze-film bearing[J]. Journal of Lubrication Technology，1973，95(2)：208-215.

[44] TAKADA H，KAMIGAICHI S，MIURA H. Characteristics of squeeze air film between nonparallel plates[J]. Journal of Lubrication Technology，1983，105(1)：147-152.

[45] BECK J V，HOLLIDAY W G，STRODTMAN C L. Experiment and analysis of a flat disk squeeze-film bearing including effects of supported mass motion[J]. Journal of Lubrication Technology，1969，91(1)：138-148.

[46] YOSHIMOTO S，ANNO Y，SATO Y，et al. Float characteristics of squeeze-film gas bearing with elastic hinges for linear motion guide[J]. JSME International Journal Series C Mechanical Systems，Machine Elements and Manufacturing，1997，40(2)：353-359.

[47] STOLARSKI T A，CHAI W. Load-carrying capacity generation in squeeze film action[J]. International Journal of Mechanical Sciences，2006，48(7)：736-741.

[48] MAHAJAN M，JACKSON R，FLOWERS G. Experimental and analytical investigation of a dynamic gas squeeze film bearing including asperity contact effects[J]. Tribology transactions，2008，51(1)：57-67.

[49] HA D N，STOLARSKI T A，YOSHIMOTO S. An aerodynamic bearing with adjustable geometry and self-lifting capacity. Part 1：self-lift capacity by squeeze film[J]. Proceedings of the Institution of Mechanical Engineers，Part J：Journal of Engineering Tribology，2005，219(1)：33-39.

[50] YOSHIMOTO S，KOBAYASHI H，MIYATAKE M. Float characteristics of a squeeze-film air bearing for a linear motion guide using ultrasonic vibration[J]. Tribology international，2007，40(3)：503-511.

[51] ILSSAR D，BUCHER I，FLASHNER H. Modeling and closed loop control of near-field acoustically levitated objects[J]. Mechanical Systems and Signal Processing，2017，85：367-381.

[52] KANG J，XU Z，AKAY A. Inertia effects on compressible squeeze films[J]. Journal of Vibration and Acoustics，1985，117(1)：94-102.

[53] HASHIMOTO H. Squeeze film characteristics between parallel circular plates containing a single central air bubble in the inertial flow regime[J]. Journal of Lubrication Technology，1995，117

(3)：513-518.

[54] STOLARSKI T A, CHAI W. Inertia effect in squeeze film air contact[J]. Tribology international, 2008, 41(8)：716-723.

[55] NOMURA H, KAMAKURA T, MATSUDA K. Theoretical and experimental examination of near-field acoustic levitation[J]. The Journal of the Acoustical Society of America, 2002, 111(4)：1578-1583.

[56] MINIKES A, BUCHER I. Coupled dynamics of a squeeze-film levitated mass and a vibrating piezoelectric disc：numerical analysis and experimental study[J]. Journal of sound and vibration, 2003, 263(2)：241-268.

[57] MINIKES A, BUCHER I. Comparing numerical and analytical solutions for squeeze-film levitation force[J]. Journal of fluids and structures, 2006, 22(5)：713-719.

[58] 吴承伟. 表面粗糙度对平行挤压膜的影响[J]. 机械设计与制造, 1990(06)：41-44+46.

[59] 贾兵, 陈超, 赵淳生. 基于近场超声悬浮的耦合频率特性分析[J]. 中国机械工程, 2011, 22(17)：2088-2092.

[60] LI J, CAO W, LIU P, et al. Influence of gas inertia and edge effect on squeeze film in near field acoustic levitation[J]. Applied Physics Letters, 2010, 96(24)：243507.

[61] LI J, LIU P, DING H, et al. Nonlinear restoring forces and geometry influence on stability in near-field acoustic levitation[J]. Journal of Applied Physics, 2011, 109(8)：084518.

[62] 魏彬, 马希直. 考虑激振模态的挤压膜悬浮导轨特性分析[J]. 润滑与密封, 2010, 35(02)：32-35+18.

[63] 王胜光. 气体挤压膜悬浮平台的理论与实验研究[D]. 南京：南京航空航天大学, 2012.

[64] 马希直, 王胜光, 王挺. 近场超声悬浮承载能力及影响因素的理论及实验研究[J]. 中国机械工程, 2013, 24(20)：2785-2790.

[65] FENG K, LIU Y, CHENG M. Numerical analysis of the transportation characteristics of a self-running sliding stage based on near-field acoustic levitation[J]. The Journal of the Acoustical Society of America, 2015, 138(6)：3723-3732.

[66] MELIKHOV I F, AMOSOV A S, CHIVILIKHIN S A. Modeling of Near-Field Ultrasonic Levitation：Resolving Viscous and Acoustic Effects[C]//Proceedings of the 2016 COMSOL Conference in Munich. 2016.

[67] MELIKHOV I, CHIVILIKHIN S, AMOSOV A, et al. Viscoacoustic model for near-field ultrasonic levitation[J]. Physical Review E, 2016, 94(5)：053103.

[68] REYNOLDS O. IV. On the theory of lubrication and its application to Mr. Beauchamp tower's experiments, including an experimental determination of the viscosity of olive oil[J]. Philosophical transactions of the Royal Society of London, 1886(177)：157-234.

[69] TIPEI N. Equatiile lubrificatiei cu gaze[J]. Communicarile Acad. RP Romine, 1954, 4：699.

[70] YOSHIMOTO S, ANNO Y. Rectangular squeeze-film gas bearing using a piezoelectric actuator. Application to a linear motion guide[J]. International journal of the Japan Society for Precision En-

gineering, 1993, 27(3): 259-263.

[71] STOLARSKI T A, CHAI W. Self-levitating sliding air contact[J]. International Journal of Mechanical Sciences, 2006, 48(6): 601-620.

[72] WIESENDANGER M, PROBST U, SIEGWART R. Squeeze film air bearings using piezoelectric bending elements[D]. Lausanne: Verlag nicht ermittelbar, 2001.

[73] IDE T, FRIEND J R, NAKAMURA K, et al. A low-profile design for the noncontact ultrasonically levitated stage[J]. Japanese Journal of Applied Physics, 2005, 44(6 S): 4662.

[74] KOYAMA D, IDE T, FRIEND J R, et al. An ultrasonically levitated non-contact sliding table with the traveling vibrations on fine-ceramic beams[C]//IEEE Ultrasonics Symposium, 2005. IEEE, 2005, 3: 1538-1541.

[75] IDE T, FRIEND J, NAKAMURA K, et al. A non-contact linear bearing and actuator via ultrasonic levitation[J]. Sensors and Actuators A: Physical, 2007, 135(2): 740-747.

[76] 朱达云. 超声激励的气体挤压膜直线导轨及其控制器的研究[D]. 南京: 南京航空航天大学, 2012.

[77] 常颖. 超声波轴承悬浮与减摩作用机理及基础实验研究[D]. 长春: 吉林大学, 2005.

[78] 田丰君. 基于夹心式压电换能器的超声波近场声悬浮支撑技术研究[D]. 长春: 吉林大学, 2010.

[79] 潘松, 王冬, 黄卫清. 基于超声悬浮轴承的微扭矩测量系统[J]. 传感器与微系统, 2010, 29(07): 134-136.

[80] SONG Y G, FAN Z Q, SUN X D, et al. Experimental research on the levitation support way of ultrasonic thrust bearing[C]//Applied Mechanics and Materials. Trans Tech Publications Ltd, 2013, 423: 1571-1576.

[81] 王洪臣, 杨利, 杨志刚, 等. 超声振动承载气膜对电机转子悬浮支承与减摩的研究[J]. 润滑与密封, 2015, 40(12): 66-70.

[82] 王洪臣, 杨志刚, 刘磊, 等. 基于轴向支撑超声波悬浮高速电机的研究[J]. 压电与声光, 2015, 37(5): 833-837.

[83] 刘家郡, 江海, 尤晖, 等. 超声悬浮—气浮混合式悬浮的承载力特性研究[J]. 西安交通大学学报, 2013, 47(5): 56-60.

[84] 刘家郡. 超声悬浮/气浮的混合悬浮及其行波驱动机理及实验研究[D]. 长春: 吉林大学, 2013.

[85] LIU J F, SUN X G, JIAO X Y, et al. The near-field acoustic levitation for spheres by transducer with concave spherical radiating surface[J]. Journal of Mechanical Science and Technology, 2013, 27(2): 289-295.

[86] HONG Z Y, LÜ P, GENG D L, et al. The near-field acoustic levitation of high-mass rotors[J]. Review of Scientific Instruments, 2014, 85(10): 104904.

[87] LÜ P, HONG Z Y, YIN J F, et al. Note: attenuation motion of acoustically levitated spherical rotor[J]. Review of Scientific Instruments, 2016, 87(11): 116103.

[88] CHEN C, WANG J, JIA B, et al. Design of a noncontact spherical bearing based on near-field acoustic levitation[J]. Journal of intelligent material systems and structures, 2014, 25(6):

755-767.

[89] PAN C H T, MALANOSKI S B, BROUSSARD JR P H, et al. Theory and Experiments of Squeeze-Film Gas Bearings: Part 1—Cylindrical Journal Bearing[J]. 1966, 88(1): 191-198.

[90] ZHAO S, TWIEFEL J, WALLASCHEK J. Design and experimental investigations of high power piezoelectric transducers for a novel squeeze film journal bearing[C]//Active and Passive Smart Structures and Integrated Systems 2009. SPIE, 2009, 7288: 546-553.

[91] LIN J R. Squeeze film characteristics of finite journal bearings: couple stress fluid model[J]. Tribology International, 1998, 31(4): 201-207.

[92] STOLARSKI T A. Running characteristics of aerodynamic bearing with self-lifting capability at low rotational speed[J]. Advances in Tribology, 2011: 973740.

[93] STOLARSKI T A, GAWARKIEWICZ R, Tesch K. Acoustic journal bearing: a search for adequate configuration[J]. Tribology International, 2015, 92: 387-394.

[94] STOLARSKI T A, GAWARKIEWICZ R, TESCH K. Extended duration running and impulse loading characteristics of an acoustic bearing with enhanced geometry[J]. Tribology Letters, 2017, 65(2): 1-8.

[95] STOLARSKI T A, XUE Y, YOSHIMOTO S. Air journal bearing utilizing near-field acoustic levitation stationary shaft case[J]. Proceedings of the Institution of Mechanical Engineers, Part J: Journal of Engineering Tribology, 2011, 225(3): 120-127.

[96] SHOU T, YOSHIMOTO S, STOLARSKI T. Running performance of an aerodynamic journal bearing with squeeze film effect[J]. International Journal of Mechanical Sciences, 2013, 77: 184-193.

[97] WANG C, AU Y H J. Study of design parameters for squeeze film air journal bearing-excitation frequency and amplitude[J]. Mechanical Sciences, 2011, 2(2): 147-155.

[98] ZHAO S, MOJRZISCH S. Development of an active squeeze film journal bearing using high power ultrasonic transducers[C]//Smart Materials, Adaptive Structures and Intelligent Systems. 2009, 48975: 195-202.

[99] ZHAO S, TWIEFEL J, WALLASCHEK J. Design and experimental investigations of high power piezoelectric transducers for a novel squeeze film journal bearing[C]//Active and Passive Smart Structures and Integrated Systems 2009. SPIE, 2009, 7288: 546-553.

[100] ZHAO S, WALLASCHEK J. Design and modeling of a novel squeeze film journal bearing[C]// 2009 International Conference on Mechatronics and Automation. IEEE, 2009: 1054-1059.

[101] GUO P, GAO H. An active non-contact journal bearing with bi-directional driving capability utilizing coupled resonant mode[J]. CIRP Annals, 2018, 67(1): 405-408.

[102] WANG J, CHEN C, CHEN G, et al. Research on a new type of ultrasonic bearing based on near field acoustic levitation[C]//2013 Symposium on Piezoelectricity, Acoustic Waves, and Device Applications. IEEE, 2013: 1-4.

[103] 郑东桂，马希直，张文轲. 柔性铰链径向气体挤压膜轴承的设计及优化[J]. 润滑与密封，2014，

39(8)：35-38.

[104] 郑东桂. 气体挤压膜悬浮轴承的优化设计[D]. 南京：南京航空航天大学，2014.

[105] LI H，QUAN Q，DENG Z，et al. A novel noncontact ultrasonic levitating bearing excited by pie-
zoelectric ceramics[J]. Applied Sciences，2016，6(10)：280.

[106] LI H，QUAN Q，DENG Z，et al. Design and experimental study on an ultrasonic bearing with
bidirectional carrying capacity[J]. Sensors and Actuators A：Physical，2018，273：58-66.

[107] LI H，DENG Z. Experimental study on friction characteristics and running stability of a novel ul-
trasonic levitating bearing[J]. IEEE Access，2018，6：21719-21730.

[108] NAKAMURA K，ITO T，KUROSAWA M，et al. A trial construction of an ultrasonic motor
with fluid coupling[J]. Japanese Journal of Applied Physics，1990，29(1 A)：L160.

[109] HU J，NAKAMURA K，UEHA S. An analysis of a noncontact ultrasonic motor with an ultra-
sonically levitated rotor[J]. Ultrasonics，1997，35(6)：459-467.

[110] STEPANENKO D A，MINCHENYA V T. Development and study of novel non-contact ultrason-
ic motor based on principle of structural asymmetry[J]. Ultrasonics，2012，52(7)：866-872.

[111] GABAI R，ILSSAR D，SHAHAM R，et al. A rotational traveling wave based levitation device-
Modelling，design，and control[J]. Sensors and Actuators A：Physical，2017，255：34-45.

[112] HIRANO T，AOYAGI M，KAJIWARA H，et al. Development of rotary-type noncontact-syn-
chronous ultrasonic motor[J]. Japanese Journal of Applied Physics，2019，58(SG)：SGGD09.

[113] 刘景全，吴博达，杨志刚，等. 一种新型的圆筒非接触超声马达[J]. 声学学报，2001，26(2)：
113-116.

[114] 刘景全，杨志刚，吴博达. 圆筒型行波非接触超声马达的激励原理研究[J]. 声学学报，2003，
28(1)：91-95.

[115] HU J，LI G，CHAN H L W，et al. A standing wave-type noncontact linear ultrasonic motor[J].
IEEE Transactions on Ultrasonics，Ferroelectrics，and Frequency Control，2001，48（3）：
699-708.

[116] 夏长亮，胡俊辉，史婷娜，等. 基于液体媒质的非接触型超声波电机理论与实验研究[J]. 中国
电机工程学报，2001，21(8)：64-67.

[117] 夏长亮，俞卫，李斌，等. 基于有限元法的液体媒质超声波电机内部声流场分析及饱和流速研
究[J]. 中国电机工程学报，2006，26(18)：143-147.

[118] 夏长亮，杨荣，祁温雅，等. 液体媒质超声波电机驱动系统[J]. 天津大学学报：自然科学与工
程技术版，2005，38(1)：5-8.

[119] 夏长亮，杨荣，胡俊辉，等. 液体媒质超声波电机特性与饱和流速的研究[J]. 中国电机工程学
报，2004，24(2)：139-143.

[120] 夏长亮，邵桂萍，史婷娜，等. 液体媒质超声波电机运行特性的实验研究与分析[J]. 中国电机
工程学报，2005，25(12)：138-142.

[121] 夏长亮，李斌，俞卫，等. 液体媒质超声波电机转子稳定性理论和实验研究[J]. 中国电机工程
学报，2006，26(15)：113-117.

[122] 季叶, 赵淳生. 一种圆筒型非接触式超声电机[J]. 南京航空航天大学学报, 2005, 37(6): 690-693.

[123] 季叶, 赵淳生. 一种具有高转速的新型非接触式超声电机[J]. 压电与声光, 2006, 28(5): 527-529.

[124] YANG B, LIU J, CHEN D, et al. Theoretical and experimental research on a disk-type non-contact ultrasonic motor[J]. Ultrasonics, 2006, 44(3): 238-243.

[125] 邹楠, 魏守水, 姜春香. 非接触式超声马达的声流及声压分析[J]. 振动. 测试与诊断, 2008, 28(4): 318-321.

[126] 鄂世举, 汤乐超, 程光明. 非对称波驱动的非接触式超声电机[J]. 中国电机工程学报, 2011, 31(9): 94-99.

[127] 陈超, 李繁, 贾兵, 等. 轴/径向耦合式非接触型压电作动器的研究[J]. 中国机械工程, 2013, 24(22): 2983.

[128] HASHIMOTO Y, KOIKE Y, UEHA S. Magnification of transportation range using non-contact acoustic levitation by connecting vibrating plates[J]. Japanese Journal of Applied Physics, 1997, 36(5 S): 3140.

[129] LOH B G, RO P I. An object transport system using flexural ultrasonic progressive waves generated by two-mode excitation [J]. IEEE Transactions on Ultrasonics, Ferroelectrics, and Frequency Control, 2000, 47(4): 994-999.

[130] OSAWA K, NAKAMURA K. High speed non-contact transport of small object in air through ultrasonic traveling field excited with parallel vibration plates[C]//2019 IEEE International Ultrasonics Symposium(IUS). IEEE, 2019: 2443-2446.

[131] ISHII T, MIZUNO Y, KOYAMA D, et al. Plate-shaped non-contact ultrasonic transporter using flexural vibration[J]. Ultrasonics, 2014, 54(2): 455-460.

[132] KOYAMA D, NAKAMURA K. Noncontact ultrasonic transportation of small objects over long distances in air using a bending vibrator and a reflector[J]. IEEE Transactions on Ultrasonics, Ferroelectrics, and Frequency Control, 2010, 57(5): 1152-1159.

[133] THOMAS G P L, ANDRADE M A B, Adamowski J C, et al. Development of an acoustic levitation linear transportation system based on a ring-type structure[J]. IEEE Transactions on Ultrasonics, Ferroelectrics, and Frequency Control, 2017, 64(5): 839-846.

[134] KOYAMA D, NAKAMURA K. Noncontact self-running ultrasonically levitated two-dimensional stage using flexural standing waves[J]. Japanese Journal of Applied Physics, 2009, 48(7 S): 07 GM07.

[135] KASHIMA R, KOYAMA D, MATSUKAWA M. Two-dimensional noncontact transportation of small objects in air using flexural vibration of a plate[J]. IEEE Transactions on Ultrasonics, Ferroelectrics, and Frequency Control, 2015, 62(12): 2161-2168.

第 2 章　近场超声悬浮机理及实验

为了更好地应用近场超声悬浮技术，必须对其悬浮机理展开系统的理论和实验研究。近场超声悬浮力依赖于超声振子高频振动挤压气体产生高压气膜，所以可以利用流体润滑理论来进行建模求解。该建模原理是以气体的流动特性为基础，通过计算振子和悬浮物体在法向方向的相对运动，来获得气膜厚度的变化规律，从而全面揭示近场超声悬浮的形成机理，并指导近场超声悬浮系统的设计与应用。本章将以圆盘形近场超声悬浮系统为例，建立在极坐标系下的近场超声悬浮理论模型，介绍模型的求解方法，研究近场超声悬浮机理，并搭建实验台，利用实验数据来验证理论模型的正确性。

2.1　圆盘型近场超声悬浮理论建模

早期关于近场超声悬浮的研究大多将激振板简化为刚性的表面[1,2]。事实上激振板在高频振动时会发生弹性变形，其表面不应该认为是刚性的。而且，当激振频率接近或者等于激励板的共振频率时，激励板的振幅会明显增大，使得激振板在气膜厚度方向上的变形量通常与气膜厚度处于相当的数量级，从而直接影响压力分布，所以激振板的变形量对悬浮特性的影响不应该也不能被忽略[3]。因此，本节将重点介绍激振盘在共振频率下发生柔性变形时近场超声的悬浮特性。

2.1.1　圆盘型近场超声悬浮物理模型

图 2.1 所示为柱坐标系下的近场声悬浮模型，整个模型为周向对称，所以图中只选取了任意过圆心且沿膜厚方向的截面进行分析。图中总共包含两块圆形板，上面的一块板为反射板，这里也称为悬浮板，下面的一块板为激振板。由图可知，当激振板在法向被高频激振时会挤压其与悬浮板之间的气体。气体在被高频挤压的过程中会产生随时间变化的正负交替的力。当一个周期里的平均气膜力大于悬浮板的重力时，就能够将悬浮板悬浮起来。由于激振板在挤压气体时是高频振动的，所以其上面的悬浮板相应的也是发生高频振动。

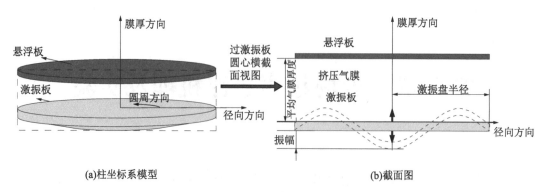

(a)柱坐标系模型 (b)截面图

图 2.1 近场声悬浮模型

2.1.2 基于流体润滑理论的模型建立

由于近场超声悬浮的悬浮力来自激振盘与悬浮盘中间受到高频挤压的气体，所以近场声悬浮本质上是气体挤压悬浮，学者可以基于气体润滑理论对其性能进行研究。

近场超声悬浮的气膜厚度通常在几十微米到几百微米之间，相比于悬浮系统的几何尺寸至少要小两个数量级。同时考虑到间隙中流体的复杂流动对建模造成的难度，现对近场超声悬浮的挤压气膜进行如下假设：

(1)在建模中，忽略挤压气膜惯性力和体积力的影响；

(2)挤压气体流动为层流，不存在涡流和湍流；

(3)挤压气体与各接触面无滑移流动；

(4)挤压气体视为等温理想气体；

(5)忽略挤压气体气膜压力沿气膜厚度方向压力的变化；

(6)被悬浮物体视为刚体，不产生变形。

在极坐标系下以挤压膜气体中的微元体为研究对象，对挤压膜气体控制方程进行推导，详细推导过程如下。

挤压膜气体流动实际是黏性流体在狭小间隙中的流动，黏性流体的运动状态可以采用 Navier-Stokes 方程进行描述。图 2.2 为挤压气膜微元体在 θ 方向的受力分析示意图。θ，r 和 z 是微元体受力分析的极坐标系统，其中 z 为气膜厚度方向。u，v 和 w 分别为流速沿三个坐标轴的分量。根据以上假设可知，挤压气膜微元体在 θ 方向受到流体压力 p 和黏性力 τ_n 的作用。气膜厚度方向尺寸相比其它方向小很多，因此，其它方向的速度梯度与膜厚方向的速度梯度相比，可忽略不计，则 θ 方向的黏性剪切力也可以忽略不记。

基于上述分析可知，图 2.2 中 θ 方向受力平衡可表示为[4]：

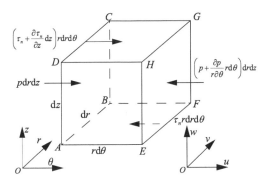

图 2.2　挤压气膜微元体受力分析

$$p\,\mathrm{d}r\mathrm{d}z+\left(\tau_n+\frac{\partial \tau_n}{\partial z}\mathrm{d}z\right)r\mathrm{d}\theta\mathrm{d}z=\left(p+\frac{\partial p}{r\partial \theta}r\mathrm{d}\theta\right)\mathrm{d}r\mathrm{d}z+\tau_n r\mathrm{d}\theta\mathrm{d}z \tag{2.1}$$

对式(2.1)整理，同时根据牛顿黏性定律可得到在极坐标系下的运动方程为：

$$\frac{\partial p}{r\,\partial \theta}=\frac{\partial}{\partial z}\left(\eta\,\frac{\partial u}{\partial z}\right) \tag{2.2}$$

同理，可得到 r 和 z 方向的运动方程为：

$$\frac{\partial p}{\partial r}=\frac{\partial}{\partial z}\left(\eta\,\frac{\partial v}{\partial z}\right) \tag{2.3}$$

$$\frac{\partial p}{\partial z}=0 \tag{2.4}$$

将式(2.3)在膜厚方向对 z 进行两次积分可得：

$$\eta\,\frac{\partial u}{\partial z}=\int \frac{\partial p}{r\,\partial \theta}\,\mathrm{d}z=\frac{\partial p}{r\,\partial \theta}z+C_1 \tag{2.5}$$

$$\eta u=\int \left(\frac{\partial p}{r\,\partial \theta}z+C_1\right)\,\mathrm{d}z=\frac{\partial p}{r\,\partial \theta}\frac{z^2}{2}+C_1 z+C_2 \tag{2.6}$$

其中 C_1 和 C_2 为任意常数，由速度边界条件决定。对于挤压膜气体悬浮系统，被悬浮物体与激振盘在气膜厚度的切向方向认为没有运动的，所以挤压气膜的速度边界条件为：

$$z=0：u=v=0 \tag{2.7}$$

$$z=h：u=v=0 \tag{2.8}$$

将速度边界条件代入式(2.5)和式(2.6)可得到微流体在 θ 方向的流速为：

$$u=\frac{1}{2\eta r}\frac{\partial p}{\partial \theta}(z^2-zh) \tag{2.9}$$

同理，可得微流体在 r 方向的流速为：

$$v = \frac{1}{2\eta} \frac{\partial p}{\partial r} (z^2 - zh) \tag{2.10}$$

图 2.3 所示为挤压气膜微元体在三个坐标平面内质量变化示意图。微元体在 θ 方向，单位时间内流入平面 ABCD 的质量为 $\rho u \, dr \, dz$，而从平面 EFGH 流出的质量为 $\left[\rho u + \frac{\partial (\rho u)}{r \, \partial \theta} r \, d\theta \right] dr \, dz$，则单位时间内沿 θ 方向净流出的质量为 $\frac{\partial (\rho u)}{r \, \partial \theta} r \, d\theta \, dr \, dz$。因此，在单位时间内微元体沿 θ，r 和 z 方向净流出的总质量为[5]：

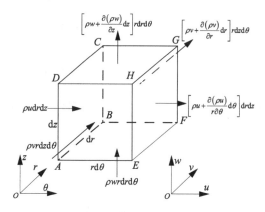

图 2.3　挤压气膜微元体质量变化分析

$$\left[\frac{\partial (\rho u)}{r \, \partial \theta} + \frac{\partial (\rho v)}{\partial r} + \frac{\partial (\rho w)}{\partial z} \right] r \, d\theta \, dr \, dz \tag{2.11}$$

质量的流出造成微元体内部气体密度 ρ 的变化为[5]：

$$-\frac{\partial \rho}{\partial t} r \, d\theta \, dr \, dz \tag{2.12}$$

由质量守恒定律可知式(2.11)等于式(2.12)，可得到气体的连续性方程为：

$$\frac{\partial \rho}{\partial t} + \frac{\partial (\rho u)}{r \, \partial \theta} + \frac{\partial (\rho v)}{\partial r} + \frac{\partial (\rho w)}{\partial z} = 0 \tag{2.13}$$

对于可压缩气体，其状态方程为：

$$\frac{p}{\rho} = \frac{p_a}{\rho_a} \tag{2.14}$$

对连续性方程(2.13)沿挤压气膜厚度方向进行积分，将式(2.9)和式(2.10)代入积分函数，同时结合气体状态方程(2.14)，在极坐标系下，得到不考虑气体惯性力影响时的挤压膜气体悬浮的无量纲化雷诺方程[6]：

$$\frac{\partial}{\partial R}(RPH^3 \frac{\partial P}{\partial R}) + R \frac{\partial}{\partial (R\theta)}(PH^3 \frac{\partial P}{\partial (R\theta)}) = R\sigma \frac{\partial (PH)}{\partial T} \tag{2.15}$$

式中，σ 为挤压数，表达式为：

$$\sigma = \frac{12\eta\omega}{p_a}\left(\frac{R_0}{h_0}\right)^2 \tag{2.16}$$

式(2.15)采用的无量纲化关系为：

$$P = \frac{p}{p_a}, \quad H = \frac{h}{h_0}, \quad R = \frac{r}{R_0}, \quad T = \omega t \tag{2.17}$$

由于图 2.1 中的激振板具有周向对称的结构，而压电振子的激振力又是垂直于激振板的圆面并作用在圆心处，所以激振板的表面变形也是周向对称。为了描述气膜厚度受激振板形变的影响，这里假定激振板的最大振幅为 ξ_0，并定义多项式 $V(R)$ 来表示激振板表面在半径方向归一化后的振动幅值。最终可以得到考虑激振板模态影响后的无量纲气膜厚度为：

$$H = 1 + \xi_0 \cdot V(R) \cdot \sin(T)/h_0 \tag{2.18}$$

当悬浮板达到稳定状态后，任意两个相邻周期内的平均悬浮高度将不变，该平均悬浮高度即为式(2.18)中的 h_0。

2.1.3　激振板模态分析

由于激振板的振型不可忽略，而在共振频率下其表面的振幅将达到最大，此时对挤压气体的作用效果也将更明显，所以研究挤压悬浮特性的时候必须要首先了解激振板的共振频率和对应的模态振型[7]。本书使用 ANSYS 软件仿真计算激振板的共振频率和对应的模态振型。

图 2.4 为本节所设计的并在软件里划分好网格后的激振板及其对应的尺寸。从图中可知所设计的激振板是中间厚边缘薄。整个板包含下端的梯形结构和上端的圆形结构，下端梯形结构的下底所对应的圆面直径为 31 mm，上底所对应的圆面直径为 120 mm，高为 5 mm。上端圆形结构对应的圆面直径为 120 mm，厚度为 5 mm。悬浮板设计为中间厚和边缘薄，这样既可以提高悬浮力也可以保证悬浮稳定性[8]。

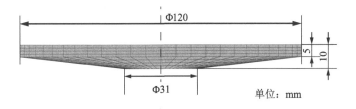

图 2.4　激振板的结构参数和有限元模型

选用铝加工激振板，并假设材料分布均匀。在有限元 ANSYS 软件里定义好材料属性，然后计算得到激振板的前三阶模态，如图 2.5 所示。由图可知激振板的模态振型只在半径方向发生变化而在圆周方向是不变的。这是因为激振板的材料均匀并且其结构是周向对称的。从图 2.5(a)到(c)分别为激振板的一阶、二阶和三阶模态。三个模态振型下所对应的共振频率分别为 5 653.3 Hz、19 236 Hz 和 39 081 Hz。随着模态阶数的增大，激振板的振幅也将增大。由于激振板的共振频率与挤压悬浮系统的能量输入有关，如果模态阶数选得过低，则系统输入的能量将过低，会导致悬浮效果不理想；如果模态阶数选得过高，则系统输入的能量将过高，这样对实验设备的要求又比较高，而且过高的能量输入也容易破坏掉整个系统。所以让激振板处于合适的模态下工作是至关重要的。本节所设计的激振板结构与文献[9]类似，该文献指出对于梯形结构的激振板，其在二阶模态时所产生的悬浮力会明显地大于一阶模态时的悬浮力，同时又能有效地避免为了激发高阶模态而造成的实验系统损坏。

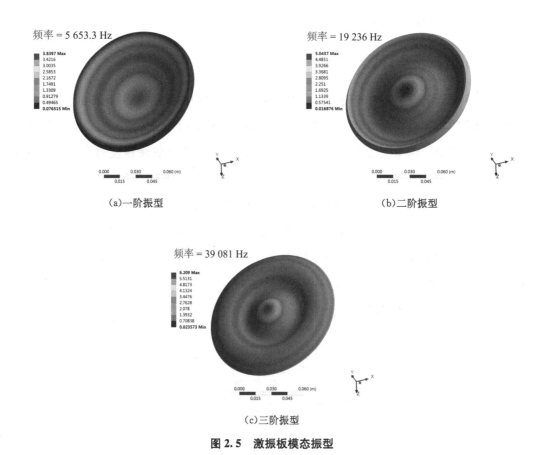

（a）一阶振型　　　　　　　　　　　　　（b）二阶振型

（c）三阶振型

图 2.5　激振板模态振型

激振盘的模态振型可以通过多项式拟合获得数学表达式，拟合的结果见图 2.6，拟合方程如下所示：

$$V(R)=a_0+a_1R+a_2R^2+a_3R^3+a_4R^4+a_5R^5 \qquad (2.19)$$

式中，$a_0=1$，$a_1=-3.534\times10^{-3}$，$a_2=-10.44$，$a_3=6.914$，$a_4=13.828$，$a_5=-10.746$。

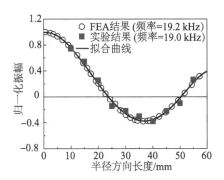

图 2.6　ANSYS 分析的模态振型拟合结果

2.1.4　数值求解方法

公式(2.15)是一个二阶偏微分方程，只有在特殊的条件下才能获得方程的解析解，当工况和几何形状复杂时，是很难用解析法求得精确解。数值法是求解偏微分方程的有效方法，其基本思想是将求解域划分成有限个求解单元，然后将待求解的偏微分方程离散成包含各单元待求量与周围各单元待求量关系的线性代数方程组，采用迭代求解方法对线性代数方程组进行求解，从而实现对整个求解域的求解。本书基于有限差分法对挤压膜气体控制方程进行求解。

为了方便求解激振板与悬浮板之间的气压分布，将圆形的求解域展开为矩形的以方便编程[10]。图 2.7 所示的挤压膜气体求解域在沿 θ 和 R 方向上被划分成 M_i-1 和 N_j-1 个单元，其中 M_i 和 N_j 是对应方向上的节点个数，整个求解域共包含 $M_i\times N_j$ 个节点。由于气压分布在圆周方向满足连续边界条件，所以图 2.7 的上下两边界 A 代表所选取求解域的展开半径。图 2.7 的边界 B 对应无量纲半径等于 1 的圆，即求解域的外圆周。图 2.7 的边 C 上所有点都表示圆形求解域的圆心，因此，图 2.7 的边 C 上每个点的压力值和气膜厚度值都是相等的。基于上述的网格划分原理，图 2.7 中沿着 R 轴方向的任意一条线对应的是一条半径，而图 2.7 中沿着 θ 轴方向的任意一条线对应的是一个完整圆周[11]。

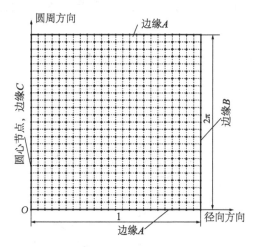

图 2.7　求解域网格划分

以气压 P 为例，采用中心差分格式，则变量 P 在 (i, j) 点的偏导数可以表示为[12]：

$$\left(\frac{\partial P}{\partial R}\right)_{i,j}=\frac{P_{i+1,j}-P_{i-1,j}}{2\Delta R}$$

$$\left(\frac{\partial P}{\partial R\theta}\right)_{i,j}=\frac{P_{i,j+1}-P_{i,j-1}}{2R\Delta\theta}$$

$$\left(\frac{\partial^2 P}{\partial R^2}\right)_{i,j}=\frac{P_{i+1,j}+P_{i-1,j}-2P_{i,j}}{(\Delta R)^2}$$ (2.20)

$$\left(\frac{\partial^2 P}{\partial(R\theta)^2}\right)_{i,j}=\frac{P_{i,j+1}+P_{i,j-1}-2P_{i,j}}{(R\Delta\theta)^2}$$

将式(2.20)代入式(2.15)，用差商代替微商，将二阶偏微分方程离散成代数方程，可得变量 $P_{i,j}$ 与其相邻节点变量之间的关系：

$$f_{i,j}(P_{i-1,j},\ P_{i,j},\ P_{i+1,j},\ P_{i,j-1},\ P_{i,j+1})=0$$ (2.21)

采用 Newton-Raphson 迭代法对离散后的线性方程组进行迭代求解，其迭代思想为[13]：

$$f_{i,j}^{(n)}+\frac{\partial f_{i,j}^{(n)}}{\partial P_{i-1,j}}(P_{i-1,j}^{(n+1)}-P_{i-1,j}^{(n)})+\frac{\partial f_{i,j}^{(n)}}{\partial P_{i,j}}(P_{i,j}^{(n+1)}-P_{i,j}^{(n)})+\frac{\partial f_{i,j}^{(n)}}{\partial P_{i+1,j}}(P_{i+1,j}^{(n+1)}-$$

$$P_{i+1,j}^{(n)})+\frac{\partial f_{i,j}^{(n)}}{\partial P_{i,j-1}}(P_{i,j-1}^{(n+1)}-P_{i,j-1}^{(n)})+\frac{\partial f_{i,j}^{(n)}}{\partial P_{i,j+1}}(P_{i,j+1}^{(n+1)}-P_{i,j+1}^{(n)})=0$$ (2.22)

对式(2.22)整理得：

$$AP_{i-1,j}^{(n+1)} + BP_{i,j}^{(n+1)} + CP_{i+1,j}^{(n+1)} + DP_{i,j-1}^{(n+1)} + EP_{i,j+1}^{(n+1)} = -f_{i,j}^{(n)} + AP_{i-1,j}^{(n)} + BP_{i,j}^{(n)} +$$

$$CP_{i+1,j}^{(n)} + DP_{i,j-1}^{(n)} + EP_{i,j+1}^{(n)} \tag{2.23}$$

式(2.23)中 A，B，C，D，E 分别为节点变量 $P_{i-1,j}$，$P_{i,j}$，$P_{i+1,j}$，$P_{i,j-1}$，$P_{i,j+1}$ 所对应的系数，n 与 $n+1$ 分别表示相邻两次迭代次数。

初始状态下，挤压膜区域直接与周围环境气体相通，则初始边界条件为[3]：

$$P\big|_{T=0} = 1 \tag{2.24}$$

在悬浮过程中，挤压膜区域直接与周围环境相通，其边界条件设置为[14]：

$$P(R=R_0) = 1 \tag{2.25}$$

同时，挤压气膜是周期性变化的，因此，需要满足周期性边界条件：

$$P\big|_T = P\big|_{T+2\pi}, \quad H\big|_T = H\big|_{T+2\pi} \tag{2.26}$$

需要强调的是挤压气体雷诺方程中是含有时间项，所以求解得到的气膜压力也是随时间变化的。通过对气压分布在求解域内积分可以得到任意时刻的悬浮力为[9]：

$$F = P_0 R_0^2 \int_0^1 \int_0^{2\pi} (P(R)-1)R\,\mathrm{d}R\,\mathrm{d}\theta \tag{2.27}$$

由于激振力具有周期性，所以公式(2.27)求得的悬浮力也是周期性变化的。选取悬浮力稳定后的任意一个周期并对其求平均值，通过将平均悬浮力与悬浮板的重力进行对比来判断计算得到的悬浮力是否满足让悬浮板稳定地悬浮的条件。并且，随时间周期性变化的悬浮力达到稳定的标准是后一个周期的平均悬浮力等于前一个周期的平均悬浮力。其中一个周期里的平均悬浮力可以表示为[15]：

$$F_{2\pi} = \frac{1}{2\pi} \int_0^{2\pi} F\,\mathrm{d}T \tag{2.28}$$

图 2.8 所示为挤压悬浮计算的详细过程，具体的求解过程如下。

首先给定模型的初始参数，包括模态振型、共振频率、悬浮板的质量以及结构参数，

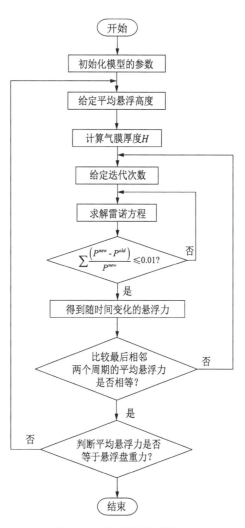

图 2.8　挤压悬浮计算流程

同时给定平均悬浮高度，根据给定的参数计算气膜厚度，并设定迭代次数；然后，将气膜厚度带入公式(2.15)，并通过牛顿迭代法求解该公式，计算出每个时刻的气膜压力，通过气膜压力求出悬浮力，并记录下悬浮力，从而得到随时间变化的悬浮力；当达到设定的迭代次数后，对比最后两个周期的平均悬浮力是否相等，如果不相等，则重新设定并增大迭代次数，如果相等，则将最后一个周期的平均悬浮力与悬浮板的重力进行对比；接着，如果平均悬浮力大于重力，则说明给定的平均悬浮高度过小，对应的需要增大平均悬浮高度并重新计算，反之如果平均悬浮力小于重力，则说明给定的平均悬浮高度过大，对应的需要减小平均悬浮高度并重新计算；当最终求得的平均悬浮力等于悬浮板重力时，则说明在给定的平均悬浮高度下得到的悬浮力能够让悬浮板以平衡位置为基准上下振动，稳定地悬浮起来，实现动态平衡，同时计算结束。

2.2 圆盘型近场超声悬浮测试系统搭建

2.2.1 实验装置及测试系统的搭建

图 2.9 所示为本节所搭建的用于测试挤压悬浮特性的实验台示意图和实物。实验台主要包括超声波发生器、压电振子、激振板、悬浮板、基座、三坐标滑台以及数据测量和采集单元等。实验所用激振板的结构和尺寸参数与图 2.4 所示的一致。其中压电振子由四个环形的压电单元和一根圆柱形的变幅杆构成。压电单元和超声波发生器之间通过两根电线相连。根据逆压电效应可知，当超声波发生器给压电单元输入正弦电信号时，压电单元会以相同的频率按照正弦运动的方式在变幅杆长度方向振动。变幅杆的作用是将压电单元的振幅放大，并以相同的频率带动激振板振动。在激振板圆心和变幅杆上端圆心处加工相同孔径和牙形的螺纹孔，并通过沉头螺钉将激振板与变幅杆紧固连接。最终确保沉头螺钉的头部与激振板的上表面平齐。另外，变幅杆还需要固定在基座上，确保实验过程中变幅杆在基座上不会出现松动。同时搭建三坐标滑台，并将激光位移传感器的探头安装在滑台上。确保可以通过三坐标滑台来调整探头的坐标以实现对激振板和悬浮板表面上任意一点振幅的测量。本节实验所采用的激光位移传感器的型号为 KEYENCE LK－020。通过数据转换器将激光位移传感器所测量的信号转换为数字信号并储存到电脑里。在该实验台上，变幅杆是为了改变激振盘的振幅，工具头是为了改变声场的分布情况，这两者的设计将直接决定挤压膜的能量输入情况，对悬浮效果的影响非常明显，而基座的设计决定了振子是否能够正常发挥出其振动效果。

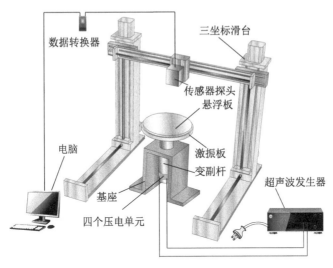

(a)实验台示意图

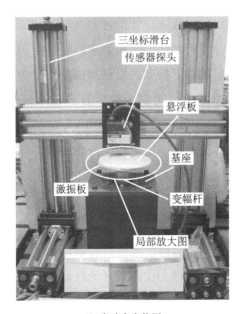

(b)实验台实物图

图 2.9　实验测试平台

2.2.2　实验过程和方法

实验包括两个部分，第一是测试激振板的模态，验证章节 2.1.3 里通过有限元分析得到的模态振型准确可靠，第二是测试悬浮板的悬浮高度。激振板的模态也是利用图 2.9 的实验台进行测试，具体的实验步骤如下。

首先，在激振板的表面均匀地撒上一层细沙，启动超声波发生器给压电振子输入正弦激励信号，此时激振板表面的细沙会随着超声波发生器输出频率的改变而呈现不同的形状；当激振板表面的细砂在周向出现环形分布时再对超声波发生器的输出频率进行微调，直到激振板表面细砂的环型分布趋于光滑并记录下此时的超声波发生器的输出频率，该频率等于激振板的共振频率；然后，调整好激光位移传感器与激振板表面的距离，避开激振板表面分布有环型细砂的位置后任选一个点测量出该点的振幅，通过进一步微调超声波发生器的输出频率，直到所选测量点的振幅达到最大，对应的激振板表面细砂的环型分布也达到了最光滑的状态，此时超声波发生器的输出频率就可以认为是激振板的共振频率；接着，重复上述步骤，找到激振板前几阶共振频率；最后，将激振板表面的细砂清理干净，让激振板在二阶共振频率下振动，并从圆心开始沿半径方向测量出任意一条半径上各个点的振幅，最后将测量的振幅归一化，即可得到对应的二阶模态下的振型分布。

测试完激振板的模态再测量悬浮板的悬浮高度，具体的步骤如下。

首先，将悬浮板平放在激振板上，使悬浮板的中心与激振板的中心重合；然后，调整好激光位移传感器与悬浮板表面的距离，选取悬浮板表面圆心处作为测量点；接着，确保激振板在二阶共振频率下振动，以悬浮板静止时为基准测量其悬浮高度；最后，通过改变超声波发生器的输出功率来改变激振板的振幅，并测量出对应的悬浮高度。

在激振板模态测试的过程中，一定要保证表面细砂的分布形状不会因为超声波发生器输出频率的微调而发生改变，不然就说明激振板的振动有可能从一个共振频率跳到另外一个共振频率了。位移传感器测量得到的激振板振幅和悬浮板悬浮高度都是随时间变化的，通过傅里叶变换将时域信号转到频域信号，得到激振频率下所对应的位移值即为该测量点的振幅或悬浮高度。实验过程要尽量减少实验台受到外界其他振动的影响，为此每个待测点需要经过多次测量，然后取平均值。

2.2.3 激振板模态的测试结果

图 2.10(a)为在非共振频率情况下激振板表面细砂的分布情况，由图可以观察到此时细砂是非均匀地分布在激振板表面上，没有形成任何规则的图形。图 2.10(b)为在二阶共振频率附近时，激振板表面细砂的分布情况，从图中可以明显地看到细砂以两条光滑环型带的形式均匀地分布在激振板表面。

(a)非共振频率情况下细砂的分布　　　(b)共振频率时细砂的分布

图 2.10　激振板共振频率调试结果

图 2.11 所示为不断微调超声波发生器输出频率时，激振板表面上所选三个位置在二阶共振频率附近的振幅。在半径等于 40 mm 的圆上分别测量了点 P_1 和 P_2 的振幅，从半径等于 20 mm 的圆上选取的测量点是 P_3。其中 P_1 和 P_2 的连线是经过圆心的，即：P_1 和 P_2 是以圆心对称的。从图中观察到随着激振频率从 18.0 kHz 逐渐增大到 19.0 kHz 时，图中所选三个测量点的振幅都是逐渐增大的，而当频率从 19.0 kHz 继续增大到 20.0 kHz 时，图中所选三个测量点的振幅都是逐渐减小的。这说明 19.0 kHz 对应二阶共振频率，而且测量得到的共振频率也与图 2.5 计算所得到的二阶共振频率(19 236 Hz)吻合得非常好。另外对比 P_1 和 P_2 发现在共振频率下的振幅几乎是完全相等的。这是因为激振板具有周向对称的结构。同时这个结果也说明实验台的调试满足了对称性的要求。

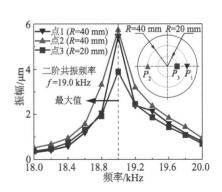

图 2.11　激振板共振频率微调结果

如果需要确定激振板在二阶共振频率时各个点的实际振幅，只需要测量出激振板上任意一个点的振幅，然后根据式(2.19)确定的其他点与所测量点的振幅比例关系就可以得到激振板上各个点的实际振幅。例如图 2.11 所测量得到的点 P_1 和 P_3 的振幅分别为 5.4 μm 和 3.9 μm，根据这两个点在径向方向的坐标，由公式(2.19)通过比例关系就可以得到此时激振板的最大振幅为 16.9 μm，而且最大振幅的位置恰好处于激振板的圆心。

2.3 圆盘型近场超声悬浮性能分析

图 2.12 为实验测得的悬浮盘悬浮高度随时间的变化曲线，由图可知在 3.817 s 前，由于激振盘还没发生振动，悬浮高度为零。在 3.817 s 时激振盘开始通电发生振动，悬浮盘也开始浮起，并在 3.84 s 后曲线接近于一条水平线，悬浮高度达到 67 μm。将稳定状态曲线处的时间坐标放大后发现悬浮盘稳定后并没有完全稳定在某一水平高度，而是悬浮在某一高度附近并做上下微幅振动，这是由于悬浮力随着激振盘的振动而随时间发生变化[16]。

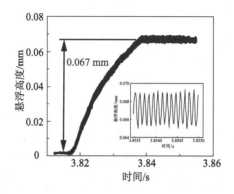

图 2.12　实验测得时间-悬浮高度曲线图

如图 2.13 所示，在激振频率 $f = 19$ kHz、激振振幅 $\xi_0 = 13.02$ μm、悬浮高度 $h_0 = 56.3$ μm 的条件下，一个周期内悬浮圆盘与激励圆盘间沿任意半径方向的气压随时间变化的分布情况。考虑到激励圆盘在二阶模态下工作，因此在一个时间步长内，压力分布在半径方向上同时具有高低压，而且其波形与激励圆盘的变形情况相似。从公式（2.27）可知某个时间步长内的悬浮力为对应时刻的气压在求解域内的积分，因此在一个周期内悬浮力相应地也是正负交替变化。利用公式（2.28）对一个周期内的悬浮力求平均值，可以求得在此条件下对应的平均悬浮力，并且其数值等于悬浮圆盘的重力。

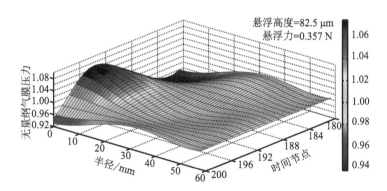

图 2.13　气膜压力随时间分布图

图 2.14 为图 2.13 中某一时刻下挤压膜压力在笛卡尔坐标系中的分布图。由于气膜厚度只在半径方向上发生变化，所以气压分布也只在径向方向上有梯度变化。从图 2.6 中可以看出激振振幅在圆心处最大，则挤压效应也最为明显，对应图 2.14 中，在圆心处的气压最高。从边界条件方程(2.25)可知，挤压薄膜在边界处与外界大气压相连，因此气压值恒定为 1。同时，此刻高压的最大值远大于低压的数值，因此此刻的悬浮力为正值。

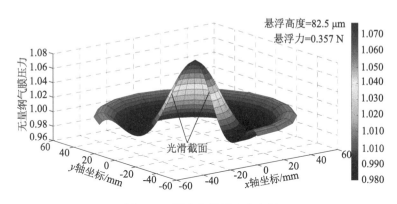

图 2.14　瞬态气膜压力分布图

图 2.15 为理论计算和实验条件下，激振幅值和悬浮高度的关系对比结果。在相同悬浮质量的条件下，悬浮高度随着幅值的增大而增加，说明增大激振幅值可以提升装置的承载能力[17]。同时，理论计算结果与实验结果对比得较好，但是仍然有一定的差距，且两者的差距随着振幅的增大有增大的趋势。这是因为振幅增大后挤压气膜力增大，对应的悬浮盘的悬浮高度会增大，当悬浮高度增大后环境扰动会让悬浮盘以激振盘圆心为中心出现较大幅度的扰动，从而影响测量精度。

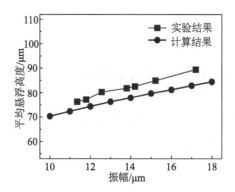

图 2.15　幅值-悬浮高度曲线图

2.4　结　论

本章考虑激振盘的柔性变形，基于流体润滑理论建立了在极坐标系下的挤压悬浮分析模型。通过有限元分析，获得了激振盘振动模态，并利用实验测试验证了有限元分析结果。基于提取的激振盘振型，得到在不同激励状态下的气膜厚度。然后对不同气膜厚度下的挤压雷诺方程进行求解，从而得到对应的挤压悬浮性能参数。最后，通过实验测试悬浮板的悬浮高度来验证理论分析结果。通过数值计算和实验研究得到如下结论：

(1)激振板的模态振型会改变挤压气体的压力分布，压力分布在径向的峰值个数与激振板的模态振型有关；

(2)悬浮板从施加激振力开始，经过极短时间的加速就可以到达稳定的悬浮高度；

(3)受到激振板高频振动的影响，悬浮板的悬浮高度是动态稳定的，它在一个相对平衡位置进行高频振动，而非绝对稳定；

(4)增大激振板的振幅可以提高能量输入，对应地提高挤压悬浮力，最终体现在悬浮板的悬浮高度提高；

(5)对激振板的实验测试验证了激振板有限元分析结果的正确性，且对悬浮板悬浮高度的测试也验证了挤压悬浮理论模型的正确性。

参考文献

[1] HASHIMOTO Y，KOIKE Y，UEHA S. Near-field acoustic levitation of planar specimens using flexural vibration［J］. The Journal of the Acoustical Society of America，1996，100（4）：2057-2061.

[2] CHU B T，APFEL R E. Acoustic radiation pressure produced by a beam of sound［J］. The Journal of the Acoustical Society of America，1982，72(6)：1673-1687.

[3] LI W，LIU Y，Feng K. Modelling and experimental study on the influence of surface grooves on

near-field acoustic levitation [J]. Tribology International, 2017, 116: 138-146.

[4] TEMAM R. Navier-Stokes equations: theory and numerical analysis [M]. Rhode Island: AMS Chelsea Publishing, 2001.

[5] JANG G H, LEE S H, KIM H W. Finite element analysis of the coupled journal and thrust bearing in a computer hard disk drive [J]. Journal of Tribology, 2006, 128(2): 335-340.

[6] LIU Y Y, SHI M H, FENG K, et al. Stabilizing near-field acoustic levitation: Investigation of non-linear restoring force generated by asymmetric gas squeeze film [J]. The Journal of the Acoustical Society of America, 2020, 148(3): 1468-1477.

[7] FENG K, LIU Y Y, CHENG M M. Numerical analysis of the transportation characteristics of a self-running sliding stage based on near-field acoustic levitation [J]. The Journal of the Acoustical Society of America, 2015, 138(6): 3723-3732.

[8] LI J, LIU P, DING H, et al. Nonlinear restoring forces and geometry influence on stability in near-field acoustic levitation [J]. Journal of Applied Physics, 2011, 109(8): 084518.

[9] LIU P, LI J, DING H, et al. Modeling and experimental study on near-field acoustic levitation by flexural mode [J]. IEEE Transactions on Ultrasonics, Ferroelectrics, and Frequency Control, 2009, 56(12): 2679-2685.

[10] HASHIMOTO H, OCHIAI M. Optimization of groove geometry for thrust air bearing to maximize bearing stiffness [J]. Journal of Tribology, 2008, 130(3): 031101.

[11] MOORE D. A review of squeeze films [J]. Wear, 1965, 8(4): 245-263.

[12] NICOLETTI R. Comparison between a meshless method and the finite difference method for solving the Reynolds equation in finite bearings [J]. Journal of Tribology, 2013, 135(4): 044501.

[13] FENG K, ZHANG M, LI W J, et al. Theoretical design, manufacturing, and numerical prediction of a novel multileaf foil journal gas bearing for PowerMEMs [J]. Proceedings of the Institution of Mechanical Engineers, Part J: Journal of Engineering Tribology, 2018, 232(7): 823-836.

[14] FENG K, SHI M H, GONG T, et al. A novel squeeze-film air bearing with flexure pivot-tilting pads: numerical analysis and measurement [J]. International Journal of Mechanical Sciences, 2017, 134: 41-50.

[15] STOLARSKI T, CHAI W. Self-levitating sliding air contact [J]. International Journal of Mechanical Sciences, 2006, 48(6): 601-620.

[16] 马希直, 王挺, 王胜光. 近场超声悬浮启浮瞬态行为的理论分析及实验测试 [J]. 声学学报, 2014, 1: 93-98.

[17] LI J, CAO W, LIU P, et al. Influence of gas inertia and edge effect on squeeze film in near field acoustic levitation [J]. Applied Physics Letters, 2010, 96(24): 243507.

第3章 一维近场超声传输平台
机理及实验

近场超声悬浮技术不仅能够用于悬浮物体还能作为非接触的直线气浮导轨来传输物体。本章将针对直线气浮导轨的悬浮与传输特性展开研究。针对悬浮板和导轨之间的可压缩气体所建立的雷诺方程不仅包含了挤压项，也包含了动压项。同时由于悬浮板的速度是从零逐渐加速到稳定的，所以雷诺方程也考虑了加速过程，将导轨简化为欧拉-伯努利梁，通过有限元法计算得到了其模态振型和共振频率，并通过实验来验证计算结果的正确性。通过调整驻波比，可以让导轨表面以驻波和行波的形式振动。由于驻波只在激振物体表面法向发生变化，所以此时的挤压气膜只有悬浮力没有驱动力。当激振物体表面的波形有行波成分时，此时的挤压气膜不仅有悬浮力还有驱动力，则可以实现非接触传输。本章还搭建了挤压传输实验台，通过两个压电振子来产生行波，其中一个作为激振振子，另外一个作为吸振振子。将两个振子分别安装在长直薄板导轨的两端，通过调节吸振阵子对波的吸收效果来改变导轨上的驻波比，从而实现导轨在驻波情况下的悬浮以及在行波情况下的悬浮和传输。

3.1 一维近场超声传输平台数学建模

3.1.1 气膜力的模型建立

图 3.1 为基于近场声悬浮技术的直线气浮导轨的模型图。图中被传输的物体为一块薄的刚性悬浮板。悬浮板下端的导轨为一块柔性板。根据图 3.1 中的标注可知：a 为悬浮板的长度，b 为悬浮板的宽度，c 为悬浮板的厚度，m 为悬浮板的质量，l_d 为导轨的宽度，l_c 为导轨的厚度，l 为导轨的长度。将笛卡尔坐标系固定在导轨上表面端部的中点处。

假设悬浮板的质量在其几何中心，并令其起始位置在坐标系原点处。$u(x, t)$ 表示悬浮板沿导轨长度方向随时间变化的位移，$v(x, t)$ 表示悬浮板的质心在竖直方向随时间变化的位移，$\theta(x, t)$ 表示悬浮板移动时产生的绕 y 轴的随时间变化的转动角度。

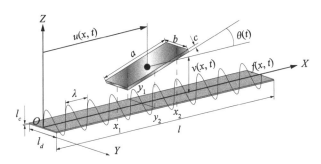

图 3.1　基于近场超声悬浮技术的直线气浮导轨模型

导轨与悬浮板之间的气体产生水平力推动悬浮板在水平方向由静止状态逐渐被加速到一定的速度传输。气体与悬浮板之间又是相互作用的，所以在描述气体运动特性时就必须要考虑悬浮板的运动所引起的气体在水平方向速度的变化。基于这个特征，在笛卡尔坐标系下给出气体的运动方程为[1]：

$$\begin{cases} v_x(z)=\dfrac{z}{2\mu}\dfrac{\partial P}{\partial x}(z-H)+\dot u\,\dfrac{z}{H}+\ddot u\,\dfrac{\rho z}{6\mu H}(z^2-H^2) \\[2mm] v_y(z)=\dfrac{z}{2\mu}\dfrac{\partial P}{\partial y}(z-H)+\dot v\,\dfrac{z}{H}+\ddot v\,\dfrac{\rho z}{6\mu H}(z^2-H^2) \end{cases} \tag{3.1}$$

相应的气体在笛卡尔坐标系下的连续性方程为：

$$\frac{\partial \rho}{\partial t}+\frac{\partial (\rho u)}{\partial x}+\frac{\partial (\rho v)}{\partial y}+\frac{\partial (\rho w)}{\partial z}=0 \tag{3.2}$$

同理对连续性方程(3.2)沿气膜厚度方向进行积分，并把方程(3.1)代入得到对应的适合于描述挤压传输的无量纲化雷诺方程如下[2]：

$$\frac{\partial}{\partial X}\left(PH^3\frac{\partial P}{\partial X}\right)+\frac{\partial}{\partial Y}\left(PH^3\frac{\partial P}{\partial Y}\right)=\sigma\frac{\partial}{\partial T}(PH)+\Lambda_x\frac{\partial}{\partial X}(PH)+\alpha_x\frac{\partial}{\partial X}(P^2H^3)+$$

$$\Lambda_y\frac{\partial}{\partial Y}(PH)+\alpha_y\frac{\partial}{\partial Y}(P^2H^3) \tag{3.3}$$

公式(3.3)中无量纲参数为：

$$\Lambda_x=\frac{6\mu L\dot u}{H_0^2P_0}\qquad \alpha_x=\frac{-\rho_a L\ddot u}{2P_0}\qquad \Lambda_y=\frac{6\mu L\dot v}{H_0^2P_0}\qquad \alpha_y=\frac{-\rho_a L\ddot v}{2P_0}$$

式中，$\dot v$ 为悬浮板在 y 方向的速度；$\ddot v$ 为悬浮板在 y 方向的加速度；$\dot u$ 为悬浮板在 x 方向的速度；$\ddot u$ 为悬浮板在 x 方向的加速度；Λ_x 为 x 方向的轴承数；Λ_y 为 y 方向的轴承数；α_x 为 x 方向加速度系数；α_y 为 y 方向加速度系数。

由图 3.1 可知，模型以 x 轴对称，导轨表面的波只沿 x 方向传播，所以忽略悬浮板在 y 方向的运动，对应地忽略气体在 y 方向的速度和加速度变化，则式(3.3)中的 $\Lambda_y=0$ 且 $\alpha_y=0$，此时公式(3.3)可以简化为：

$$\frac{\partial}{\partial X}\left(PH^3\frac{\partial P}{\partial X}\right)+\frac{\partial}{\partial Y}\left(PH^3\frac{\partial P}{\partial Y}\right)=\sigma\frac{\partial}{\partial T}(PH)+\Lambda_x\frac{\partial}{\partial X}(PH)+\alpha_x\frac{\partial}{\partial X}(P^2H^3)$$

$$(3.4)$$

由于悬浮板的四条边都直接与外界环境接触，所以这四条边处的气压直接定义为环境气体压力并表示为：

$$P(x=x_1,\ x=x_2)=1$$
$$P(y=y_1,\ y=y_2)=1$$

$$(3.5)$$

其中 x_1，x_2，y_1 和 y_2 分别表示悬浮板四条边的坐标位置，并且 x_1 和 x_2 是随时间变化的。由于不考虑悬浮板在 y 方向的运动，所以 y_1 和 y_2 只由初始位置决定。

根据上述分析可知，悬浮板与导轨之间的气膜厚度不仅受到导轨振动的影响，还会受到悬浮板自身运动的影响。所以，由图 3.1 所示的模型示意图可以得到考虑了悬浮板运动以及导轨振动后的气膜厚度为[3,4]：

$$H(x,\ y,\ u,\ v,\ \theta,\ t)=v+(x-u)\tan\theta-f(x,\ t)$$

$$(3.6)$$

其中 $f(x,\ t)$ 为导轨表面的波形，将在 3.1.2 章节详细介绍。

由于悬浮板浮起来后在竖直方向上将一直处于波动状态，为了便于后面分析，这里定义悬浮高度 v 的表达式为：

$$v=V+h_0$$

$$(3.7)$$

其中 h_0 为悬浮板以平均悬浮高度，V 为基准的上下振动幅值。

3.1.2　导轨模态分析

假设导轨的结构对称，材料均匀，并且只在导轨两端对其施加激振。为了让导轨得到最大的振幅，对导轨施加的激振频率同样必须等于其共振频率。此时导轨将以波长为 λ 和幅值为 (a_1,a_2) 进行振动，对应导轨振动时表面的波形表达式为[3,5]：

$$f(x,\ t)=a_1\sin(\omega t-kx)+a_2\sin(\omega t+kx)$$

$$(3.8)$$

其中：

$$k=\frac{2\pi}{\lambda}$$

$$(3.9)$$

公式(3.8)中的波长用如下公式求得[6]：

$$\lambda=\frac{2\pi}{\sqrt{\omega}}\sqrt[4]{\frac{EI}{\rho A}}$$

$$(3.10)$$

其中 ρ 为导轨的材料密度，E 为导轨材料的杨氏模量，$A=l_d\cdot l_c$ 是导轨端部横截面的面积，a_1 和 a_2 等于导轨的振幅。

导轨受到高频激振时会产生两种不同的振型,分别为自由振动和强迫振动。当导轨处于高频的自由振动时,导轨将产生高频的驻波。此时导轨与悬浮板之间的气体受到高频挤压,并产生气膜力从而将悬浮板从导轨表面悬浮起来。当导轨处于高频的强迫振动时,导轨将产生高频的行波。悬浮板不仅会被悬浮起来,还会因为行波的单向传输特性而沿着导轨向前移动。为了区别驻波和行波,需要定义驻波比,如下式所示[7,8]:

$$SWR = \frac{|a_1 + a_2|}{|a_1 - a_2|} \tag{3.11}$$

当 SWR 等于 1 也就是 a_1 或 a_2 等于 0 时,表示导轨表面振动的波形为行波;当 SWR 等于∞也就是 a_1 等于 a_2 时,表示导轨表面振动的波形为驻波[9]。

为了确定导轨表面驻波和行波的特性,必须首先知道导轨的共振频率和对应的模态,为此将导轨假定为一根简单支承的欧拉-伯努利梁。基于有限元法定义梁单元的刚度矩阵和质量矩阵分别为 $[k]^e$ 和 $[m]^e$,其表达形式如下式所示[10]:

$$[k]^e = \frac{EI}{l_e^3} \begin{bmatrix} 12 & 6l_e & -12l_e & 6l_e \\ 6l_e & 4l_e^2 & -6l_e & 2l_e^2 \\ -12 & -6l_e & 12 & -6l_e \\ 6l_e & 2l_e^2 & -6l_e & 4l_e^2 \end{bmatrix} \tag{3.12}$$

$$[m]^e = \frac{\rho A l_e}{420} \begin{bmatrix} 156 & 22l_e & 54 & -13l_e \\ 22l_e & 4l_e^2 & 13l_e & -3l_e^2 \\ 54 & 13l_e & 156 & -22l_e \\ -13l_e & -3l_e^2 & -22l_e & 4l_e^2 \end{bmatrix} \tag{3.13}$$

其中 l_e 表示梁单元的长度。

假设整个系统是无阻尼的,则导轨在自由振动时的运动方程可以表示为:

$$[M]\{\ddot{x}\} + [K]\{x\} = \{0\} \tag{3.14}$$

式中 $[M]$ 和 $[K]$ 分别为导轨总的刚度和质量矩阵。根据导轨的长度划分好网格,并将其材料参数和结构参数代入单元刚度和质量矩阵,然后利用公式(3.14)就可以求得导轨的共振频率和波长 ω 和 λ。

图 3.2(a)所示是振幅归一化后的行波,由图可知行波在导轨表面随时间沿导轨长度方向进行传播。图 3.2(b)所示是振幅归一化后的驻波,由图可知驻波不沿导轨长度方向传播,而是只在导轨表面法向随时间变化。

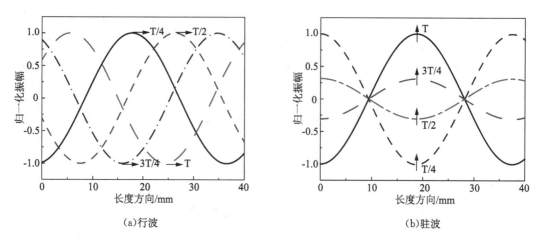

(a)行波   (b)驻波

图 3.2　行波和驻波随时间的变化关系

3.1.3 悬浮板动力学分析

由于忽略了悬浮板在 y 方向上的运动，所以根据图 3.1 所示的模型图可知悬浮板将在导轨的长度方向、竖直方向以及绕 y 轴的转动方向上同时受到作用力。这三个方向上所受到的力分别定义为 N_1、N_2 和 M_1。对应的悬浮板运动方程为：

$$\begin{bmatrix} m & 0 & 0 \\ 0 & m & 0 \\ 0 & 0 & J \end{bmatrix} \begin{Bmatrix} \ddot{u} \\ \ddot{v} \\ \ddot{\theta} \end{Bmatrix} = \begin{Bmatrix} N_1 \\ N_2 \\ M_1 \end{Bmatrix} \tag{3.15}$$

其中 J 是悬浮板绕其质量中心的转动惯量。

按照欧拉法将公式(3.15)中的加速度项对时间积分两次，即可得到悬浮板的速度和位移随时间的变化关系。积分方法如下所示：

$$\dot{U}(t) = \dot{U}(t - \Delta t) + \ddot{U}(t)\Delta t$$

$$U(t) = U(t - \Delta t) + \dot{U}(t)\Delta t + \frac{1}{2}\ddot{U}(t)\Delta t^2 \tag{3.16}$$

其中 $U = (u, v, \theta)$，Δt 为时间间隔。

公式(3.15)中沿导轨长度方向的力 N_1 主要是由其表面气体的作用力引起的。由于悬浮板上下两个表面的面积相对于另外四个面要大很多，所以只考虑气体对其上下两个表面的作用力。其中，下表面来自于气体的剪切力，其将对悬浮板施加推力使其向前移动。当悬浮板移动时，其上表面的气体将向其反方向运动，所以其上表面的气体作用力定义为拖拽力将阻碍悬浮板的运动。另外根据悬浮板的倾斜角度可知气膜力在导轨长度方向上的分力与悬浮板移动方向相反，所以也是阻碍悬浮板的运动。基于这些分析可知悬浮板沿导轨长度方向上所受到的力可以表示为[11]：

$$N_1 = -\int_{x_1}^{x_2}\int_{-b/2}^{b/2}\tau_{zx}\mid_{z=h}\mathrm{d}x\mathrm{d}y - \int_{x_1}^{x_2}\int_{-b/2}^{b/2}(P-P_0)\sin(\theta)\mathrm{d}x\mathrm{d}y - f_{\mathrm{D}} \quad (3.17)$$

其中 τ_{zx} 是悬浮板与导轨之间的气体剪切力，f_{D} 是悬浮板上表面的气体拖拽力。

公式(3.17)中的气体剪切力为：

$$\tau_{zx} = \mu\frac{\partial v_x}{\partial z}\Big|_{z=h} = \frac{H}{2}\frac{\partial P}{\partial x} + \mu\frac{\dot{u}}{H} + \frac{\ddot{u}\rho H}{3} \quad (3.18)$$

在层流情况下，悬浮板表面的拖拽力为[12,13]：

$$f_{\mathrm{D}} = \frac{1}{2}c_{\mathrm{D}}\rho_{\mathrm{a}}\dot{u}^2 Lb \quad (3.19)$$

其中 $c_{\mathrm{D}} = 1.328/\sqrt{Re_{\mathrm{L}}}$，$Re_{\mathrm{L}} = \dot{u}L/v$ 为气体的雷诺数。

悬浮板在竖直方向所受的力包括气膜压力在竖直方向的分力和悬浮板自身的重力。这两个力的合力 N_2 决定悬浮板在竖直方向的运动特性。N_2 可以通过如下公式求得[13]：

$$N_2 = -mg + \int_{x_1}^{x_2}\int_{-b/2}^{b/2}(P-P_0)\cos(\theta)\mathrm{d}x\mathrm{d}y \quad (3.20)$$

最后如图 3.1 所示，悬浮板在其质心沿 y 轴方向的转动由其转动力矩 M_1 决定。转动力矩由悬浮板下表面沿导轨长度方向的气膜压力差决定，具体可通过如下公式求得[14]：

$$M_1 = \int_{x_1}^{x_2}\int_{-b/2}^{b/2}(x-u)(P-P_0)\mathrm{d}x\mathrm{d}y \quad (3.21)$$

3.1.4　数值求解流程

为了研究直线气浮导轨的悬浮与传输特性，整个求解过程包括计算气膜压力，在驻波情况下的悬浮特性以及在行波情况下的传输特性。详细的计算流程如图 3.3 所示。图 3.3 所示的流程图包括两个部分的计算：第一部分为计算气膜压力，第二部分为计算悬浮与传输特性的影响。具体的计算步骤如下：

初始化导轨和悬浮板的结构及材料参数，并计算出导轨的固有频率和波长，从而得到导轨表面的驻波和行波波形，同时设置足够的计算时间长度。

针对气膜压力分布求解，利用公式(3.6)确定对应时刻的气膜厚度，并求解 Λ 和 α 为 0 时的公式(3.4)，判断是否达到设定好的计算时间，如果不是，则继续，如果是，则得到气压分布。

针对悬浮与传输特性的求解相对较复杂。首先，利用公式(3.6)确定对应时刻受到悬浮板运动特性影响的气膜厚度，并求解公式(3.4)，再根据公式(3.17)、(3.18)和(3.19)求得悬浮板所受的力，再利用公式(3.15)得到悬浮板的加速度，最后利用公式(3.16)得到悬浮板的速度和位移；

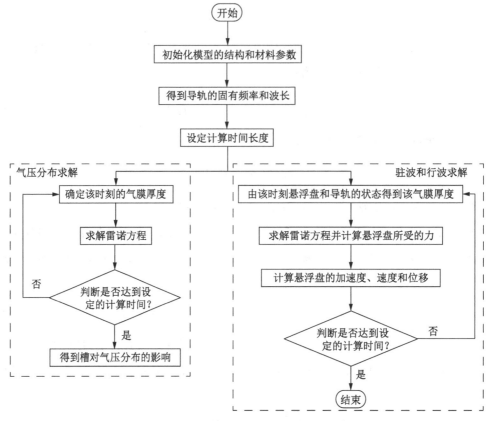

图 3.3　计算流程图

然后，将求得的速度和加速度代入公式(3.4)修正 Λ 和 α，同时将悬浮板的位移代入公式(3.6)得到新的气膜厚度；

接着，判断是否达到设定好的计算时间，如果是，则计算停止，如果不是，则重复步骤上述步骤。

完成上面三个步骤就可以得到悬浮板随时间的运动特性。如果是计算驻波悬浮的情况，则前两步中需要令公式(3.4)中的 Λ 和 α 为 0，同时令公式(3.6)中的水平位移和转动角度为 0。

3.2　一维近场超声传输平台性能测试

3.2.1　实验装置及测试系统搭建

图 3.4 为基于近场超声悬浮技术的直线气浮导轨实验模型图。整个实验台包含一块用薄铝板做的导轨、两个压电振子、一个超声波发生器、一个电感和电阻构成的匹配电路、一套数据采集装置、一台单反相机和一个三坐标滑台。

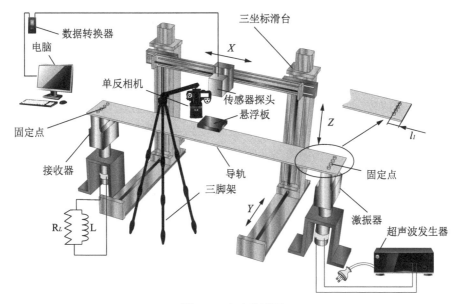

图 3.4　实验模型图

近场超声传输系统选用的两个振子要求具有相同规格、相同尺寸，以便于传输轨道的安装，相同的谐振点和工作频率便于发射端与接收端之间的互换[15]。其中一个利用逆压电效应对导轨施加激振力，称为发生器，另一个利用正压电效应吸收导轨上传过来的振动并转换为电能，称为接收器。但是与悬浮系统不同的是，在传输系统实验平台中工具头不再是圆形。为了使轨道达到良好的激振效果，与工具头连接的导轨始端与末端都需要被输入纵向振动量而不是弯曲振动量。

根据导轨的尺寸将两个压电振子平行地固定在台架上。每个振子的上端面以相同间隔各加工四个处于一条直线上的孔，同时根据振子端面四个孔的位置在导轨的两端也对应地加工四个孔，然后将导轨通过八个螺栓与两个振子进行固定。另外导轨两端加工孔的位置相对于端部的距离 l_1 必须相同，两端加工孔的位置之间的距离为 l_2。所以整个导轨的长度为：

$$l = 2l_1 + l_2 \tag{3.22}$$

l_1 和 l_2 的长度决定导轨之间是否能产生纯的行波和驻波，所以这两者的尺寸必须满足如下的关系[16]：

$$l_1 = \frac{7}{8}\lambda + \frac{n}{2}\lambda$$
$$l_2 = \frac{n}{4}\lambda \tag{3.23}$$

其中 n 为非负整数。

接收器基于正压电效应在接收导轨振动时所产生的电能将被电阻和电感所组成的匹配电路吸收掉。匹配电路参数的选取决定了驻波比的大小，从而决定了导轨表面行波成分所占的比例[17]。匹配电路中的电感可以近似地通过如下公式求得[18]：

$$L = \frac{1}{\omega^2 C_d} \tag{3.24}$$

其中 C_d 是振子的静态电容。

选用一个幅值较小的可调电阻与电感构成匹配电路，通过不断地调试电阻，使导轨上得到比较纯的行波。如果需要得到纯的驻波，只需要将匹配电路从接收器上切断即可。最终搭建好的整个实验台如图 3.5 所示。

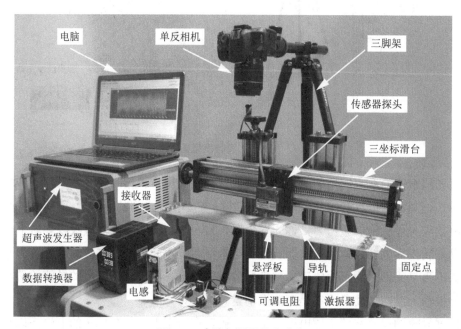

图 3.5　直线气浮导轨实验台

具体的实验过程包括驻波悬浮和行波传输两部分。对于驻波悬浮过程，其测量方法与 2.2.2 节中类似。首先，切断匹配电路，将悬浮板放在导轨上，让其处于静止状态；然后，给激振振子通电，让导轨处于驻波振动状态，通过激光位移传感器测量悬浮板上表面得到悬浮高度。对于行波传输过程，其测量主要依赖于图像法，过程相对较复杂。首先在导轨表面沿长度方向以 1 cm 为间距绘制好距离参考线；然后将悬浮板放在导轨激振端，并调整好驻波比；接着启动激振电源和相机，悬浮板随之悬浮起来，并向前传输，相机记录下整个传输过程；最后，将相机录下的视频切割为照片，每张照片包含有悬浮板的位置和时间信息，将这些信息记录下来用于分析导轨的传输特性。

3.2.2　激振板模态的测试结果

表 3.1 为实验装置的参数，本章的实验和理论研究中的悬浮板以及导轨的基础参数都按照该表选取。

表 3.1　实验装置的参数

参数	值
悬浮板长度	60 mm
悬浮板宽度	60 mm
悬浮板厚度	7 mm
悬浮板质量	22 g
导轨宽度	0.1 m
导轨厚度	3×10^{-3} m
导轨长度	1 m
激振频率	19 kHz
导轨材料弹性模量	68.3×10^{9}
导轨材料密度	2 700 kg/m³

为了研究直线气浮导轨的悬浮与传输特性，首先必须要测试导轨的模态振型和其对应的共振频率。同时利用 3.1.2 节的模型计算出模态振型并与实验结果进行对比，来验证实验和计算方法的正确性。

根据计算的结果，在超声波发生器输出频率范围内(0～20 kHz)选取一个较大的共振频率 18.5 kHz，然后按照 2.2.3 节中类似的方法测量导轨的共振频率和模态振型。

图 3.6 所示为导轨在共振频率范围附近振动时导轨表面的细砂趋于理想的光滑等间距分布。为了准确地测量导轨振型，将导轨表面细沙清理干净后再在导轨表面上均匀地绘制等间隔的网格来辅助测量，整个网格区域必须严格地与导轨的四条边平行。然后在导轨宽度的中间位置沿导轨长度方向选取一条线，测量该条线上所有网格节点的振幅。根据初步测量的结果剔除一些测量结果不好的点，同时在峰值附近多选几个点测量以保证测量精度，将测量得到的各个点的振幅归一化就可以得到导轨的模态振型。最终通过实验测量得到的导轨共振频率为 19 kHz，并且其与计算得到的结果非常接近。

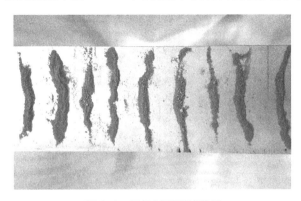

图 3.6　导轨振型测试结果

将最终测得的导轨振型和计算得到的振型进行对比，得到图 3.7。由结果可知实验测得的模态振型和理论计算得到的振型吻合度高。这说明实验设备的安装调试正确合理且实验方法正确可行，同时理论计算模型也是可信的。

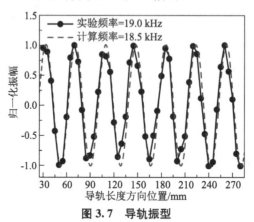

图 3.7　导轨振型

3.3　一维近场超声传输平台特性分析

为了研究直线气浮导轨的悬浮与传输特性，首先将研究导轨与悬浮板之间的气压分布特性。图 3.8 为 $a_1 = 7\ \mu m$，$a_2 = 7\ \mu m$ 时，T/4 和 3T/4 两个时刻内的压力分布云图。从图中可以发现气压分布是光滑的。并且在两个时刻高压区域和低压区域的位置正好互换了。为了更详细地研究压力分布的变化特性，提取悬浮板的几何中心位置且沿波的传播方向的二维压力分布如图 3.9 所示。所选取的具体位置如图 3.8 的粗实线所示。图 3.9 中包含了四个时间点，分别是稳定后的一个周期内的 T/4、2T/4、3T/4 和 T 这四个时间点。从图中也可以明显发现高压区域和低压区域在一个周期内交替变化，由于悬浮板下面所囊括的波形区间并非完全对称，所以图中的压力分布图也显示出左端和右端的压力峰值大小并不完全相等。

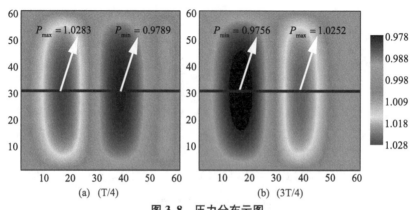

图 3.8　压力分布云图

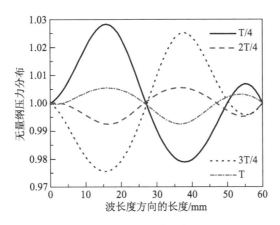

图 3.9　考虑时间因素的气压分布

图 3.10 为悬浮高度和传输速度的实验研究和理论计算的对比结果。从图中可以发现理论和实验的结果吻合得很好，两类结果的变化趋势基本相同。由图 3.10(a)所示的导轨激振振幅对悬浮高度的影响可知，悬浮高度随着导轨激振振幅的增大而增大。因为激振振幅的增大使得系统输入的能量增大，从而使得悬浮板能够悬浮的更高[19]。

由于实验室的条件有限，导轨不能做到足够长使悬浮板最终加速到最大速度，所以图 3.10(b)表示的是用悬浮板移动一定距离所需要的时间来研究传输能力，其中导轨的激振振幅为 7 μm。考虑到实验误差以及通过图像读取悬浮板的位置比较耗时，同时也为了便于单反相机得到更加清晰的视频，这里设定悬浮板在导轨上总共传输的距离为 9 mm。从图中可以发现随着传输距离的增长，每传输相同的距离，所需要的时间逐渐减小，这说明随着传输距离的增大传输速度是在增大的，基于图中有限的传输距离所呈现的结果可以证明悬浮盘还处于加速过程[20]。

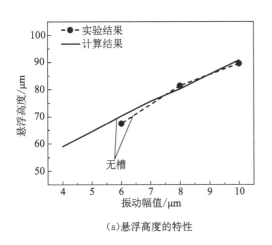

(a)悬浮高度的特性

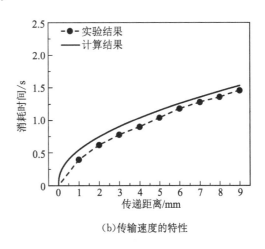

(b)传输速度的特性

图 3.10　导轨的悬浮与传输特性

3.4   结   论

本文基于近场超声悬浮理论建立了非接触式悬浮与传输挤压气浮导轨。在对其进行研究时首先通过实验和有限元分析得到导轨的共振频率，然后建立气体雷诺方程来研究悬浮能力和传输能力。为了能够模拟悬浮物体从静止状态加速到稳定状态的过程，所建立的分析模型综合考虑了气体的挤压效应和动压效应。通过数值求解和实验研究得到如下结论。

（1）无论是驻波状态还是行波状态，导轨的表面振型都是周期性变化。驻波状态时，导轨表面任意一点都是垂直于承载面上下振动；行波状态时，导轨表面的振型呈现周期性向前传播状态。

（2）基于有限元法计算的导轨振型与实验测试的结果匹配得很好，通过提取导轨振型中的频率和波长信号，结合驻波比，可以获得考虑导轨振动特性的挤压气膜厚度。

（3）由于导轨表面的波形随时间和位置而发生变化，对应的将会导致悬浮板下面的气膜压力分布也是随时间和位置而发生改变，其沿导轨长度方向上的分量推动着悬浮板传输。

（4）驻波状态下的悬浮力是随着振幅的增大而逐渐增大，行波状态下的传输速度是由零开始，然后再逐渐增大。

参考文献

[1] TEMAM R. Navier-Stokes equations：theory and numerical analysis［M］. Rhode Island：AMS Chelsea Publishing，2001.

[2] MINIKES A，BUCHER I. Noncontacting lateral transportation using gas squeeze film generated by flexural traveling waves—Numerical analysis［J］. The Journal of the Acoustical Society of America，2003，113(5)：2464-2473.

[3] FENG K，LIU Y Y，CHENG M M. Numerical analysis of the transportation characteristics of a self-running sliding stage based on near-field acoustic levitation［J］. The Journal of the Acoustical Society of America，2015，138(6)：3723-3732.

[4] ILSSAR D，BUCHER I. On the slow dynamics of near-field acoustically levitated objects under High excitation frequencies［J］. Journal of Sound and Vibration，2015，354：154-166.

[5] DEHEZ B，VLOEBERGH C，LABRIQUE F. Study and optimization of traveling wave generation in finite-length beams［J］. Mathematics and Computers in Simulation，2010，81(2)：290-301.

[6] SEEMANN W. A linear ultrasonic traveling wave motor of the ring type［J］. Smart Materials and Structures，1996，5(3)：361-367.

[7] WIDYAPARAGA A，HIROMATSU T，KOSHIMIZU T，et al. Thermoacoustic heat pumping di-

rection alteration by variation of magnitude and phase difference of opposing acoustic waves [J]. Applied Thermal Engineering, 2016, 101: 330-336.

[8] BUCHER I. Estimating the ratio between travelling and standing vibration waves under non-stationary conditions [J]. Journal of Sound and Vibration, 2004, 270(1-2): 341-359.

[9] HASHIMOTO Y, KOIKE Y, UEHA S. Transporting objects without contact using flexural traveling waves [J]. The Journal of the Acoustical Society of America, 1998, 103(6): 3230-3233.

[10] KWON Y W, BANG H. The finite element method using MATLAB [M]. London: CRC press, 2000.

[11] 李锦. 近场超声非接触支撑与传输系统的理论与实验研究 [D]. 上海：上海交通大学机械与动力工程学院, 2012.

[12] PRITCHARD P J, MITCHELL J W. Fox and McDonald's introduction to fluid mechanics [M]. State of New Jersey John Wiley & Sons, 2016.

[13] LAURENT G J, MOON H. A survey of non-prehensile pneumatic manipulation surfaces: principles, models and control [J]. Intelligent Service Robotics, 2015, 8(3): 151-163.

[14] SHABANA A. Dynamics of multibody systems [M]. Cambridge: Cambridge university press, 2020.

[15] UEHA S, HASHIMOTO Y, KOIKE Y. Non-contact transportation using near-field acoustic levitation [J]. Ultrasonics, 2000, 38(1-8): 26-32.

[16] ASAI K, KUROSAWA M K. Estimation of the squeeze film effect in a surface acoustic wave motor [J]. IEEE Transactions on Ultrasonics, Ferroelectrics, and Frequency Control, 2005, 52 (10): 1722-1734.

[17] KURIBAYASHI M, UEHA S, MORI E. Excitation conditions of flexural traveling waves for a reversible ultrasonic linear motor [J]. The Journal of the Acoustical Society of America, 1985, 77 (4): 1431-1435.

[18] LIU J, YOU H, JIAO X Y, et al. Non-contact transportation of heavy load objects using ultrasonic suspension and aerostatic suspension [J]. Proceedings of the Institution of Mechanical Engineers, Part C: Journal of Mechanical Engineering Science, 2013, 228(5): 840-851.

[19] LI J, CAO W, LIU P, et al. Influence of gas inertia and edge effect on squeeze film in near field acoustic levitation [J]. Applied Physics Letters, 2010, 96(24): 243507.

[20] LI W J, ZHU Y, FENG K, et al. Effect of surface grooves on the characteristics of noncontact transportation using near-field acoustic levitation [J]. Tribology Transactions, 2018, 61(5): 960-971.

第4章 考虑表面织构的近场超声悬浮特性

尽管近场超声悬浮技术拥有很多的优点，但是其承载能力和传输力偏低的缺点却一直没有得到很好的解决，这也限制了其在工程中的应用和推广。本章考虑通过表面刻槽来提高近场超声悬浮的承载能力和传输力。由于近场超声悬浮系统的性能受到激振盘或导轨振型的影响，所以为了验证表面织构的影响，并提高可对比性，本章将槽刻在悬浮板和传输板上，从而确保激振板和导轨的模态不会因为表面所刻槽的参数变化而改变。由于悬浮板和传输板表面刻槽后使得挤压气膜变得不连续，所以采用八点差分法对雷诺方程进行离散求解。先通过实验测量和数值模拟对比了槽的类型对圆盘型悬浮系统承载能力的影响，并研究了槽深、槽宽和槽的个数等参数对承载能力的影响；然后通过理论计算和实验研究得到了槽的方向对导轨传输系统的影响，同时通过理论分析槽的结构参数变化对导轨承载能力和传输能力的影响。

4.1 考虑表面织构的近场超声悬浮/传输理论分析建模

由于改变激振板/导轨的形状和结构将会对其模态和共振频率造成影响[1]，而保证激振板/导轨的模态和共振频率不改变对于结果的可比性又至关重要，所以为了研究表面刻槽对挤压悬浮特性的影响，将槽刻在悬浮板的表面以确保激振板/导轨的形状和结构不发生改变。对应地可以得到考虑表面刻槽之后的气膜厚度为[2]：

$$H=\begin{cases} 1+\xi_0 \cdot V \cdot \sin(\tau)/h_0+Hg/h_0 & \text{刻槽区域} \\ 1+\xi_0 \cdot V \cdot \sin(\tau)/h_0 & \text{光面区域} \end{cases} \tag{4.1}$$

其中 Hg 为所刻槽的深度，ξ_0 为激振板/导轨的振幅，V 为激振板/导轨的振型分布，h_0 为平均悬浮高度。

考虑到凹槽导致气膜厚度不连续，传统的有限差分法（FDM）求解，所得到的结果精度较低，甚至不收敛[3]。本书采用八点离散法（Eight-point discrete method）求解[4]。八点离散法实质上是一种积分差分法，采用积分法离散，因此只要求解的雷诺方程一阶导数可积。此方法反映了一种守恒关系，由雷诺方程的守恒性决定了其离散结果仍然保持守恒性的数学要求[5]。由于极坐标系和笛卡尔坐标系下的求解规则是一样的，这里以表面刻有织构的圆盘形挤压悬浮系统为例对其离散规则展开叙述，表面刻有织构的直线型挤压传输系统就不再赘述。

采用八点差分法求解需要将无量纲化后的气膜厚度在圆形求解域的圆周方向上等分为 $4n+1$ 份，在径向方向上等分为 $4m+1$ 份，如图 4.1(a) 所示。对于离散的气膜厚度在圆周方向上任意两个相邻点的间隔为 $2\pi/4n$，并且任意一条半径上相邻两个节点的间隔为 $1/4m$。在整个求解域范围内，气膜压力在圆周方向和半径方向分别分为 $n+1$ 和 $m+1$ 个节点，对应两个方向上相邻两个压力分布节点的间隔分别是 $2\pi/n$ 和 $1/m$。

如图 4.1(b) 所示，G 代表压力网格上的节点，N 代表八点离散法中临近的八个节点。闭合区域 Ω_{ij} 被四条边界线 $\Gamma_{ij,1-4}$ 包围，其包含着八个节点 $N_{ij,1-8}$。在这个网格中，对简化的雷诺方程进行面积分，得到通过闭合区域 Ω_{ij} 的无量纲气体流动速率为：

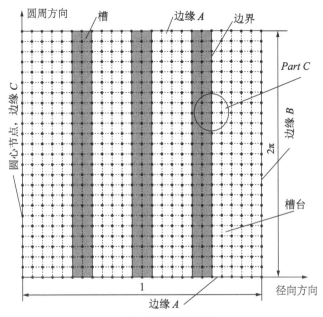

(a) 求解域网格划分系统

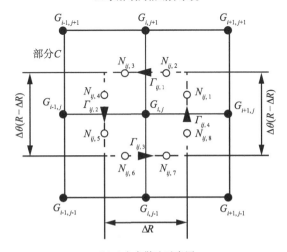

(b) 八点离散法示意图

图 4.1　求解域网格划分系统及八点离散法示意图

$$\iint_{\Omega_{ij}} \left\{ \frac{\partial}{\partial R}\left(RPH^3 \frac{\partial P}{\partial R}\right) + R\frac{\partial}{\partial(R\theta)}\left[PH^3 \frac{\partial P}{\partial(R\theta)}\right] \right\} dR d(R\theta)$$

$$= \iint_{\Omega_{ij}} \left[R\sigma \frac{\partial(PH)}{\partial \tau} \right] dR d(R\theta) \tag{4.2}$$

基于格林公式，对公式(4.2)左侧的面积分可以转化为逆时针方向的线积分，如下所示[6]：

$$\oint_{\Gamma_{ij}} \left\{ -\left[RPH^3 \frac{\partial P}{\partial(R\theta)}\right] dR + \left(RPH^3 \frac{\partial P}{\partial R}\right) d(R\theta) \right\}$$

$$= \iint_{\Omega_{ij}} \left[R\sigma \frac{\partial(PH)}{\partial \tau} \right] dR d(R\theta) \tag{4.3}$$

通过对闭合区域 Ω_{ij} 的界线 $\Gamma_{ij,1-4}$ 进行厚度方向上的数值积分，方程(4.3)中的偏微分项可以被近似确定。方程(4.3)中左边的第一项可以展开为沿着四条边界线 $\Gamma_{ij,1-4}$ 的积分之和。由于边线 $\Gamma_{ij,2}$ 和 $\Gamma_{ij,4}$ 在 R 方向上的投影等于零，所以沿着边线 $\Gamma_{ij,2}$ 和 $\Gamma_{ij,4}$ 的积分也等于零。可以得到方程(4.3)第一项的积分为：

$$\oint_{\Gamma_{ij}} -\left[RPH^3 \frac{\partial P}{\partial(R\theta)}\right] dR$$

$$= -\int_{\Gamma_{ij,1}} \left[RPH^3 \frac{\partial P}{\partial(R\theta)}\right] dR - \int_{\Gamma_{ij,3}} \left[RPH^3 \frac{\partial P}{\partial(R\theta)}\right] dR \tag{4.4}$$

根据梯形法则，方程(4.4)中的右侧在边线 $\Gamma_{ij,1}$ 和 $\Gamma_{ij,3}$ 的线积分可以近似表达为：

$$\int_{\Gamma_{ij,1}} \left[RPH^3 \frac{\partial P}{\partial(R\theta)}\right] dR$$

$$= -R(P_{i,j}+P_{i,j+1})(P_{i,j+1}-P_{i,j})\left[H^3_{i-(1/4),j+(1/2)}+H^3_{i+(1/4),j+(1/2)}\right]\frac{\Delta R}{4(R\Delta\theta)} \tag{4.5}$$

$$\int_{\Gamma_{ij,3}} \left[RPH^3 \frac{\partial P}{\partial(R\theta)}\right] dR$$

$$= R(P_{i,j}+P_{i,j-1})(P_{i,j}-P_{i,j-1})\left[H^3_{i-(1/4),j-(1/2)}+H^3_{i+(1/4),j-(1/2)}\right]\frac{\Delta R}{4(R\Delta\theta)} \tag{4.6}$$

考虑到积分区域 Ω_{ij} 非常小，在节点 $P_{i-(1/4),j+(1/2)}$ 和 $P_{i+(1/4),j+(1/2)}$ 的气压值可以近似地等于 $P_{i,j}$ 和 $P_{i,j+1}$ 的平均值。剩下的对离散后的方程采用 Newton－Raphson 迭代法进行求解，具体的求解过程和第 2 章相同。

4.2　表面织构对近场超声悬浮特性的影响

在接下来的讨论中以第二章中的圆形挤压悬浮系统为例，根据图 4.2 所示的三种不同的表面特性来研究刻槽对挤压悬浮特性的影响。其中 1 号板是表面刻有径向槽的悬浮板，槽与槽之间在圆周方向等间隔地均匀分布；2 号板是表面没有刻槽的悬浮板；3 号板是刻有周向槽的悬浮板，槽与槽在径向方向等间隔地分布。

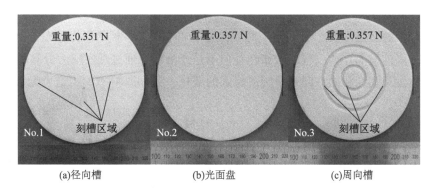

(a)径向槽 (b)光面盘 (c)周向槽

图 4.2 悬浮板结构尺寸

图 4.2 中三块圆板的直径都是 120 mm，且质量也相同。由于加工误差的原因，1 号板的重力为 0.351 N，略小于 2 号板和 3 号板的重力 0.357 N，误差范围不超过 2%。Hashimoto 等人[7] 的研究表明悬浮板的材料对实验结果没有影响，但是必须要保证悬浮板是刚性的并且表面是光滑的。所以，这三块板的材料都是刚性尼龙。根据图 4.2 所示，1 号板和 3 号板的刻槽区域在圆柱坐标系下的坐标可以表示为：

$$(R，\theta) = \frac{2\pi}{N} \times (i-1) + (-\theta_0 + \theta), \qquad \theta \in [0，2\theta_0] \qquad i \in [0，N]$$
$$(R，\theta) = R_d \times i + r_d, \qquad r_d \in [-Hg_d，Hg_d] \quad i \in [0，N]$$

$$(4.7)$$

式中，N 表示每块板上槽的总个数；i 表示的是第 i 个槽；θ_0 表示的是每个径向槽在圆周方向所占角度的一半；R_d 表示的是相邻两个周向槽之间的径向距离；r_d 表示的是每个周向槽在径向方的宽度。

4.2.1 表面织构对压力分布的影响

图 4.3 所示为具有不同表面特性的悬浮板所对应的气压分布情况。为了便于观察只绘制出四分之三个圆周的情况。需要注意的是每幅图都对应的是悬浮力达到稳定且平均悬浮力等于悬浮板重力之后的结果。另外，三幅图所对应的时刻都是相同的。其中激振频率为 19 kHz 并且激振板的最大振幅为 16.9 μm。图 4.3(a) 对应的是图 4.2 中 1 号板的压力分布，从图中可以发现整个求解域上的压力分布在周向被均分为了四份，这是因为 1 号板被四个相同尺寸的径向槽均分为了四等份。另外这四个部分在靠近圆心处都存在明显的压力波动，这是因为四个槽是联通的并使得圆心处也被刻上了槽。在刻槽区域，气压值接近于环境压力，这说明槽内的挤压效应几乎消失了。这是由于径向槽是沿径向直接延伸到悬浮板的外侧，这使得挤压气体会顺着径向槽直接流出去，从而降低整个求解域内的压力。所以图 4.3(a) 中的最大无量纲气压只有 1.008 2，对应地平均悬浮高度的值则需要小到 68.4 μm 以确保悬浮板能够被稳定地悬浮起来。图 4.3(b) 对应的是图 4.2 中 2 号板的压力分布。由于 2 号板表面是没有刻槽的，所以其压力分布在周向是光滑的，并且通过截面可以发现其压力在径向方向也是光滑分布的。另外，其最大无

量纲气膜压力为 1.075 45，大于 1 号板的最大气压，对应的平均悬浮高度为 82.5 μm，也大于 1 号板的悬浮高度。图 4.3(c)对应的是图 4.2 中 3 号板的压力分布。由于 3 号板表面是刻有周向槽的，所以气压分布在径向不是光滑的。通过观察压力分布的截面情况可以明显地发现其在径向方向是呈现阶梯式的变化。另外图 4.3(c)中最大无量纲压力为

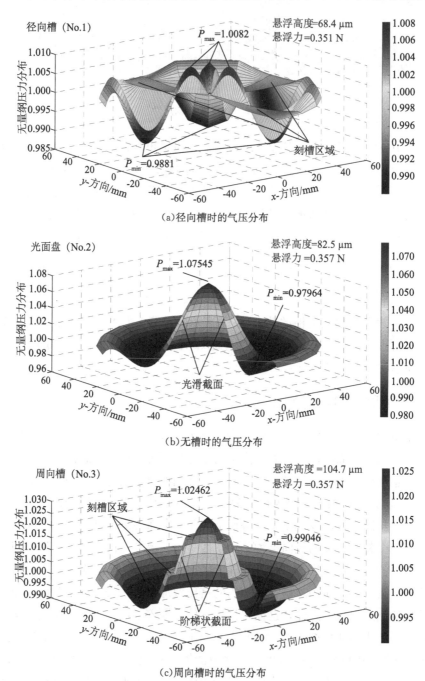

(a)径向槽时的气压分布

(b)无槽时的气压分布

(c)周向槽时的气压分布

图 4.3　不同表面特性的悬浮板所对应的压力分布图

1.024 62，虽然其压力分布的最大值比 2 号板的要小，但是其平均悬浮高度为104.7 μm，却是三个板中最大的，这说明刻有周向槽时的悬浮力是最大的。为了解释这个现象，图 4.4 给出了悬浮力达到稳定后 2 号板和 3 号板所对应的悬浮压力在任意半径上的分布图。

　　图 4.4 中包括两个时间点，这两个时间点正好相隔半个周期。并且 2 号板和 3 号板所选取的两个时间点是相同的。对比压力分布的峰值可以发现，虽然 3 号板正压的峰值小于 2 号板的，但是其负压的峰值却大于 2 号板的。观察 3 号板的压力分布可以发现槽在径向方向上阻止了压力的降低，并且槽使得高压区得到保留。这说明周向槽类似于节流器具有储存高压气体的能力，从而使得其具有增大承载能力的作用[8]。

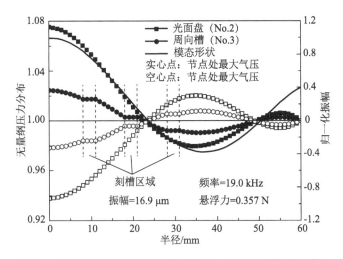

图 4.4　不同表面特性的悬浮板其径向一维压力分布对比情况

4.2.2　表面织构对承载能力的影响

　　图 4.5 给出了图 4.2 所示的三块悬浮板的平均悬浮高度随激振板最大幅值的变化关系。由于实验条件有限，激振板最大幅值的取值范围为 11～17 μm。其中实线表示的是计算结果，虚线表示的是实验结果。通过对比发现实验和计算的结果吻合得很好。观察图中的变化趋势发现三块板的平均悬浮高度都随着激振板的最大振幅的增大而增大。对比不同的悬浮板发现，1 号板的悬浮高度是最小的，而 3 号板的悬浮高度是最大的。这说明周向槽（3 号板）能够提高承载能力，而径向槽（1 号板）会降低承载能力。文献[9]研究了表面织构对挤压悬浮特性的影响。并且证明了当悬浮板表面的织构是以圆周方向分布时会增大承载能力，而以径向方向分布时会降低承载能力。悬浮板表面所刻的槽可以认为是在表面规则分布的织构。所以文献[9]中的研究结果进一步证明了本书实验和理论计算是正确的。

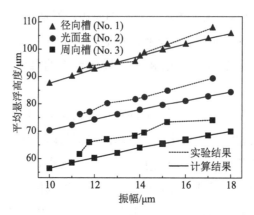

图 4.5　不同表面特性对悬浮高度的影响

考虑到径向槽并不能增大承载能力，所以在接下来的研究中将只讨论悬浮板表面刻有周向分布槽的情况。接下来研究周向槽的不同参数对悬浮特性的影响，悬浮板和激振板的参数统一设计为表 4.1 所示。

表 4.1　悬浮板和激振板的参数

参数	值
半径	60 mm
槽个数	0，2，3，4
槽间隔	10 mm
槽深度	1 mm
槽宽度	5 mm
激振板的最大幅值	12 μm，14 μm，16 μm
激振频率	19 kHz
悬浮板重力	0.357 N

图 4.6 为槽深的变化对平均悬浮高度的影响。从图示结果可知增大激振板的最大幅值会明显地提高平均悬浮高度，结论与图 4.5 得到的一致。观察槽深的变化可以发现，当槽深从 0 mm 开始逐渐加深时平均悬浮高度是逐渐增大的。这说明承载能力随着槽逐渐加深而增大，但是当槽进一步加深时，平均悬浮高度会逐渐开始降低。这说明存在最优的槽深以获得最大的悬浮力。这是因为槽持续地加深将使得槽内出现"空穴"，特别是当槽加深到无穷时槽内气体将无法被压缩从而使得槽内的气压降到近似地等于环境压力，这时候就会使悬浮板下面整个区域的压力急剧地降低。这个现象与文献[9]中的结果类似。另外，使平均悬浮高度达到最大值的槽深也随着激振板振幅的增大而逐渐增大。

图 4.7 为槽个数的变化对平均悬浮高度的影响。通过对比发现，槽的个数为 3 时所

对应的平均悬浮高度明显地大于槽的个数为 2 和 4 的情况。这说明表面刻上 3 个周向槽时，悬浮效果相对更好，而并非表面所刻槽的个数越多越好。这是因为槽的个数增大使得"节流器"的作用面积增大，从而提高了承载能力。但是当槽的个数大于 3 之后，虽然可以进一步增加"节流器"的作用面积，但是同时也使得悬浮板表面刻有槽的面积增大，这就意味着悬浮板与激振板之间的气膜厚度平均值增大。气膜厚度平均值的增大会降低气体挤压效应从而降低悬浮力。所以当槽的个数大于 3 之后，由于气膜厚度平均值的增大使承载能力的降低占据了主导作用，从而使得此时需要降低平均悬浮高度以提供足够的承载能力。文献[10]研究了表面刻蚀的纹理条数对轴承性能的影响，该文献的研究结果与本书所得到的结果类似。

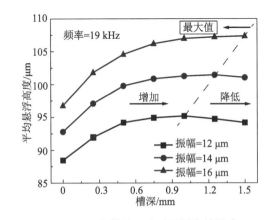

图 4.6　周向槽的深度对悬浮力的影响

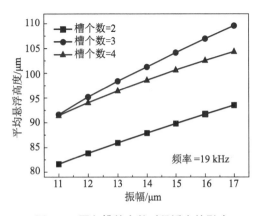

图 4.7　周向槽的个数对悬浮力的影响

图 4.8 为槽宽度的变化对平均悬浮高度的影响。从图中的结果可以发现存在最优的槽宽为 5 mm，使得平均悬浮高度最高。这是因为槽宽的变化也是相当于改变了"节流器"的作用面积。当槽宽从 0 mm 逐渐增大到 5 mm 时，"节流器"的作用面积逐渐增大，使得其承载能力对应地得到提升[11]。但是如果槽进一步变宽，同样也会使得悬浮板与激振板之间的平均气膜厚度增大。当槽宽大于 5 mm 时，平均气膜厚度的增大占主导作用使得承载能力逐渐开始降低。

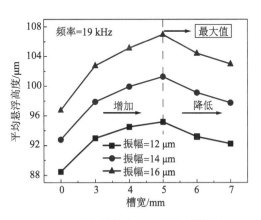

图 4.8　周向槽的宽度对悬浮力的影响

4.3 表面织构对近场超声悬浮一维传输的影响

接下来将基于 4.1 节中给出的建模及求解方法，结合第三章的内容，研究表面织构对近场超声悬浮一维传输的影响。同理，如果将槽刻在导轨上将改变导轨的结构参数，对应地导轨的共振频率和波长等固有参数将发生改变，因此确保导轨的这些固有参数不变对于研究槽的影响是至关重要的，这里也是将槽刻在悬浮板的表面[12]。

为了确保槽的加工精度和悬浮板表面的平整度，同时参考 4.2 节的研究结果，本节将选择条形槽作为研究对象[13,14]。图 4.9 所示的为本节将要研究的具有三种不同表面特性的悬浮板。其中 1 号板表示表面没有刻槽的光面悬浮板，2 号板和 3 号板表示的是表面所刻槽的长度方向分别与波的传播方向平行和垂直。

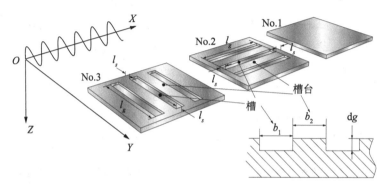

图 4.9 悬浮板表面刻槽模型

4.3.1 表面织构的特性对压力分布的影响

为了研究直线气浮导轨的悬浮与传输特性，首先将研究导轨与悬浮板之间的气压分布特性。图 4.10 为不同方向的槽对三维气压分布的影响，其中 $a_1 = 7\ \mu m$，$a_2 = 7\ \mu m$，时间分别为相同周期内的 T/4 时刻和 3T/4 时刻。从图 4.10(a) 到 (c) 分别对应的是图 4.9 中的 1 号板、2 号板和 3 号板。其中虚线框表示的是槽的位置。从图 4.10(a) 可以看出表面没刻槽时，气压分布是光滑的。将图 4.10(b) 和 (c) 与 (a) 进行对比，发现图 4.10(b) 的压力分布是几乎完全平整的，特别是在悬浮板的中间位置，而图 4.10(c) 的压力分布在波的传播方向是剧烈波动的。对比三块板的压力值可以发现悬浮板表面有槽时的压力最大值是低于光面板的。为了更详细地研究槽对压力分布的影响，提取悬浮板的几何中间位置且沿波的传播方向的二维压力分布如图 4.11 所示。所选取的具体位置为图 4.10 的粗实线处。

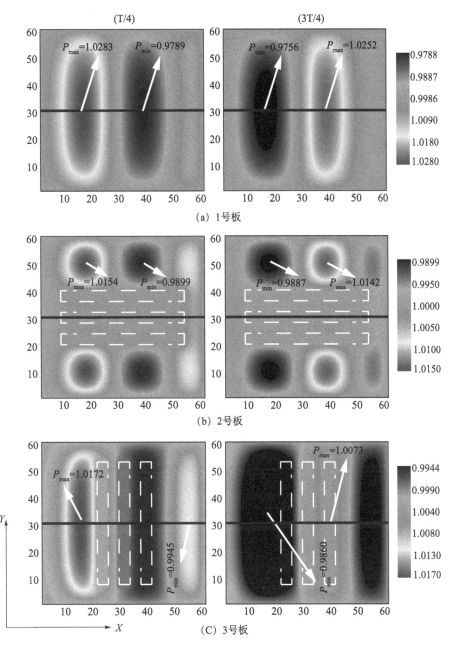

图 4.10　不同方向的槽对气压分布的影响

图 4.11 中包含了四个时间点，分别是稳定后的一个周期内的 T/4、2T/4、3T/4 和 T 这四个时刻。图 4.11(b)和(c)上的虚线框表示的是槽的位置。如图 4.11(b)所示，气压分布在有槽的区域是几乎完全平的、没有任何变化的。即使不在刻槽区，最大无量纲压力也仅有 1.004，也就是说高压几乎完全消失掉了。从图 4.11(c)可以看出垂直于波的传播方向的槽对高压具有保持作用，它使得槽内的正压等于槽周围的正压。这个特性

与 4.2 中周向槽对压力分布的影响类似，前面圆盘型的周向槽也是相当于垂直于波的传播方向，从而起到存储高压气体，防止高压气体外泄的作用[8]。

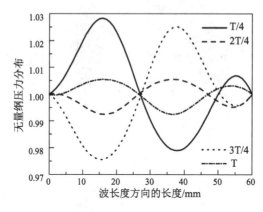

(a)气压在无槽时的分布

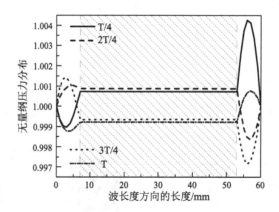

(b)气压在槽平行于波的传播方向时的分布

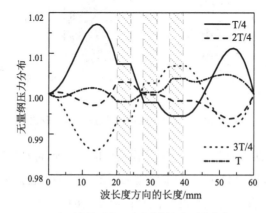

(c)气压在槽垂直于波的传播方向时的分布

图 4.11 考虑时间因素时不同方向的槽对气压分布影响

　　图 4.12 为槽的个数和深度对压力分布的影响，选取的是稳定后的 $T/4$ 时刻悬浮板宽度中间位置沿波的传播方向。图中的虚线框仍然表示槽的位置。图 4.12(a) 为槽个数对压力分布的影响。由图可知，增加槽的个数将导致压力在板运动方向的波动变得更加剧烈，这是因为槽的个数增多对应高压气体存储区域增多，但是增加槽的个数将明显地降低气压的最大值，并且气压的最大和最小值之间的差别也逐渐变小，这说明挤压效应逐渐减弱；特别是当槽的个数增大到 5 时，压力的最大和最小值之间的差值显著变小，这使得压力分布在整个悬浮板表面趋于平坦。图 4.12(b) 为槽的个数等于 3 时，槽的深度变化对压力分布的影响。与图 4.12(b) 相比，气压在波的传播方向上的压力分布不会随着槽的加深而变得明显地平整。但是，槽内的正压值却会随着槽的加深而出现明显地降低。

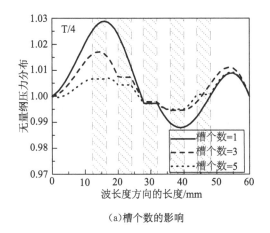

(a)槽个数的影响

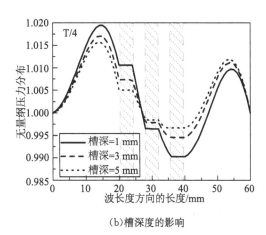

(b)槽深度的影响

图 4.12　槽的个数和深度对气压分布的影响

　　图 4.13 为槽的宽度和长度对压力分布的影响。图 4.13(a) 为稳定后的 T/4 时刻，所选取的压力分布位于悬浮板宽度中间位置沿波的传播方向。由图可知随着槽的变宽，平均气膜厚度增大，使得气压在波的传播方向上的分布逐渐变得平整。对应地，负压值显著增大，同时正压值也逐渐降低。这说明挤压效应逐渐受到抑制。另外，增大槽的宽度也会增大气体存储区域。由于槽的长度是在垂直于波的传播方向变化，所以图 4.13(b) 给出的是垂直于波的传播方向的压力分布图。为了更清楚地表示槽长的影响，这里选择稳定后的两个时刻，分别是 T/4 和 3T/4 所对应的压力分布来进行分析。从图中可以看出，当槽长等于 35 mm 时，槽内的压力分布在图中横坐标的中间位置出现了非常明显的波动。但是，这个特点随着槽长度的增加而逐渐消失。当槽长等于 55 mm 时，图中所示的压力分布完全趋于平坦并且几乎等于大气压。这说明槽内的挤压现象逐渐消失了。图 4.13 的结果表明，槽的宽度和长度方向尺寸的变化对导轨和悬浮板之间的压力分布影响较大。

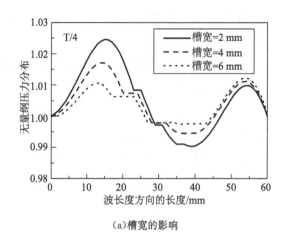

（a）槽宽的影响

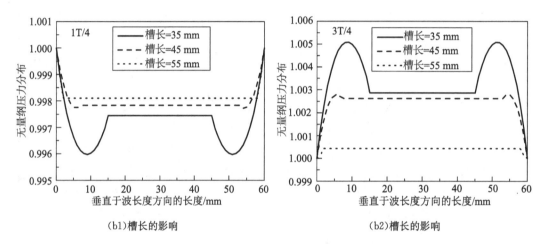

（b1)槽长的影响　　　　　　　　　　　　（b2)槽长的影响

图 4.13　槽的宽度和长度对气压分布的影响

4.3.2　表面织构对承载能力和传输速度的影响

　　图 4.14 为悬浮板具有不同的表面特性时，悬浮高度和传输速度的实验研究和理论计算的对比结果。由图 4.14(a)所示的导轨激振振幅对悬浮高度的影响可知，悬浮高度随着导轨激振振幅的增大而提高。对比不同的表面特性可知，表面没有槽时的悬浮高度高于槽的长度方向平行于导轨表面波的传播方向时的情况，而又低于槽的长度方向垂直于导轨表面波的传播方向的情况。这是因为槽的长度方向垂直于导轨表面波的传播方向时对高压气体具有存储功能从而提高了承载能力。而相反，槽的长度方向平行于导轨表面波的传播方向时会使得高压区域几乎消失，所以就降低了承载能力。另外，对比实验和计算结果发现两者吻合得很好。

　　图 4.14(b)是槽对传输能力的影响。同样的也是用悬浮板移动相同距离所需要的时

间来研究传输能力，其中导轨的激振振幅为 7 μm。由图示结果可以发现，当传输相同的距离时，板的表面没有刻槽时所消耗的时间大于所刻槽的长度方向垂直于导轨表面波的传播方向的情况，同时又小于所刻槽的长度方向平行于导轨表面波的传播方向的情况。从结果可知槽的长度方向垂直于导轨表面波的传播方向时将增大传输能力，反之将降低传输能力。这是因为槽的长度方向垂直于导轨表面波的传播方向时将增大其在导轨长度方向的压力梯度，从而增大气体的剪切力[15]。对比上面的结果，接下来将集中研究槽的长度方向垂直于导轨表面波的传播方向时的情况。

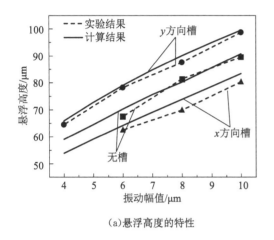

(a)悬浮高度的特性

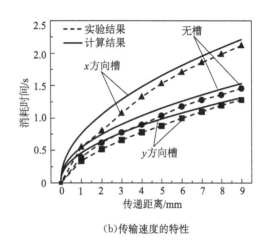

(b)传输速度的特性

图 4.14　槽的方向对悬浮高度和传输速度的影响

如图 4.15 所示为槽的个数和深度对悬浮高度和最终稳定传输速度的影响。由图中结果可知悬浮高度和传输速度都是先随着槽的个数增多而增大。这是因为槽个数的增多增加了高压气体存储区域从而提高了承载能力和运输能力[16]。但是随着槽的个数增多到最优值之后再进一步增多槽的个数将使得悬浮高度和传输速度出现显著的降低。这是因为槽的个数增多还会导致悬浮板和导轨之间的平均气膜厚度增大。当槽的个数超过最优值时，由于平均气膜厚度增大所造成的影响将逐渐占主导作用，从而起到降低承载能力和传输能力的作用。对比不同的槽深可以发现，同样存在最优的槽深使得悬浮高度最大。这是因为槽的加深使得槽内的正压值降低明显，从而将导致承载能力逐渐降低[2]。与悬浮高度类似，最终稳定传输速度同样随着槽的加深先增大后降低。因此过深或过浅的槽都不利于得到最高的悬浮和传输能力。

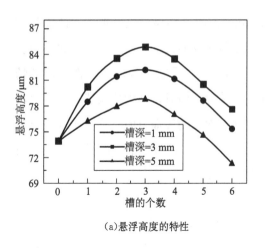

（a）悬浮高度的特性

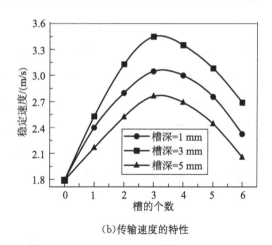

（b）传输速度的特性

图 4.15　槽的个数和深度对悬浮高度和传输速度的影响

　　如图 4.16 所示槽的宽度和长度对悬浮高度和最终稳定传输速度的影响。由图示可知，存在最优的槽宽以获得最高的悬浮高度和最大的传输速度。过宽和过窄的槽都将逐渐降低悬浮高度和传输速度。这是因为槽的宽度变化也是会同时影响气体的存储区域和平均气膜厚度，两者相互作用决定了最优的槽宽[17]，该特性与槽个数的影响类似。文献[18]指出挤压气体轴承压力分布的边缘区域和中间区域对轴承性能起到决定性作用。边缘区域的气体粘性效应确保能够形成压力；中间区域确保压力足够大，并且中间区域较小的压力波动有利于提高轴承的性能。基于文献[18]的结论很容易理解图 4.16（b）的现象。图 4.16（b）显示槽长等于 35 mm 时，压力分布的中间区域出现明显的波动不利于传输性能；同时槽长等于 55 mm 时，边缘区域的面积有限，从而不利于高压气体的形成。所以对比槽的长度可以发现，槽长为 45 mm 时的承载能力和传输能力将强于槽长为 30 mm 和 55 mm 时的情况，此时的悬浮高度最高，传输速度也最大。

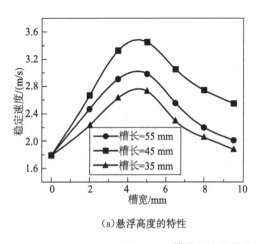

（a）悬浮高度的特性

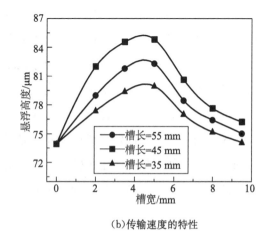

（b）传输速度的特性

图 4.16　槽的宽度和长度对悬浮高度和传输速度的影响

4.4　结　论

本章节基于近场超声悬浮理论系统地研究了表面刻槽对气体挤压悬浮和传输特性的影响。考虑悬浮/传输板的表面刻槽后，气膜变得不连续，所以采用八点差分法对雷诺方程进行求解。通过数值计算和实验研究得到如下结论。

（1）对于圆形悬浮板，径向槽由于会将高压气体导出从而降低承载能力，而周向槽相当于节流器能够存储高压气体从而能够提高承载能力。

（2）对于圆形悬浮板，改变周向槽的参数发现存在最优的槽深、槽的个数和槽宽使得挤压气体悬浮的承载能力明显增大。

（3）对于传输导轨，当悬浮板表面所刻槽的长度垂直于波的传播方向时，表面刻槽能够储存气体从而提高承载能力和传输能力，但是当槽的长度平行于波的传播方向时将使得导轨与悬浮板中间的气压趋于平坦从而降低承载能力和传输能力。

（4）对于传输导轨，槽的深度、个数、宽度以及长度都存在最优值使得承载能力和传输能力最大化。

（5）对于传输导轨，高压气体存储区域的面积和导轨与悬浮板之间的平均气膜厚度会同时受到槽个数变化的影响，并且这两者相互作用决定了存在最优的槽的个数使得承载能力和传输能力最大化。

（6）对于传输导轨，槽宽对承载能力和传输能力的影响与槽个数的影响类似；槽深的变化会显著地影响槽内的气压，从而影响承载能力和传输能力；槽长的变化使得气压在垂直于波传播方向的分布特点发生改变从而影响承载能力和传输能力。

第5章　自驱动非接触式悬浮平台性能分析

近场超声悬浮技术已经被证明可以用于搭建导轨系统，从而实现非接触式传输。但是导轨系统往往结构比较臃肿。为了提高传输距离，导轨相应地就必须要加长，但是这又使得导轨变得更加臃肿。同时，当导轨长度增加之后，激振器的能量会被耗散得比较明显，从而降低了悬浮力和传输力。所以如果能够将近场超声导轨传输系统小型化、紧凑化，将有重要的意义。为此，本章提出一种基于近场超声悬浮技术的自驱动平台。将激励器集成在平台上，让平台能够摆脱导轨的束缚，实现悬浮状态下的大行程自由行走。首先，针对此自驱动非接触式悬浮平台的尺寸特性，通过有限元方法获得传输平台的共振频率对应的振型；然后，通过挤压气浮理论，对该平台的悬浮特性和传输能力展开了系统的计算和分析；最后，通过与实验测试结果进行对比验证了理论分析的正确性，并证明了自驱动非接触式悬浮平台的可行性。

5.1　自驱动非接触式悬浮平台建模

2007年，东京工业大学的Koyama等人[1]提出了一种自驱动非接触式挤压悬浮平台，包括一个矩形铝框和固定在铝框两端的两对压电陶瓷换能器（PZT）。它具有体积小和无需传输导轨的特点，因此可以用在一些紧凑性要求较高的场合。Koyama等人对该系统做了非常全面的实验测试，证明其能够实现自悬浮与传输的功能。本章将基于Koyama等人提出的系统，对自驱动非接触式悬浮平台展开详细的分析。

5.1.1　平台的结构设计及工作原理

平台的实物图和尺寸图如图5.1所示。它由矩形铝框和两对压电陶瓷换能器组成。其中，矩形铝框包含上下两个梁。压电陶瓷片通过环氧树脂粘接在铝框的内外截面。此自驱动非接触式悬浮平台的总质量为5.6 g（138 N/m²），其质量较轻是为了在有限的挤压力的作用下，获得更好的悬浮效果。

如图5.2所示，每对压电陶瓷片的极化方向是相反的，而且驱动电压的相位差为180°。通过对两侧的压电陶瓷换能器施加电压信号，双压电片换能器产生的半波长柔性振动转换为梁上面的柔性振动。通过控制两边压电换能器的驱动电压和相位，从而使激

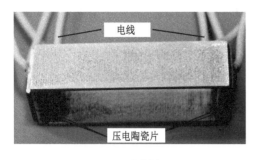

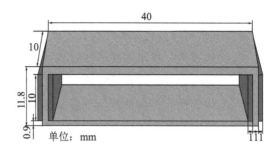

（a）实物图　　　　　　　　　　　　　　　（b）示意图

图 5.1　自驱动非接触式挤压悬浮平台的实物图及示意图

振铝框产生两种不同的振动形式，即自由振动模态和强迫振动模态，分别在梁上产生驻波和行波[2,3]。

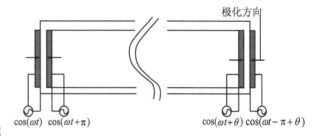

图 5.2　压电陶瓷片的极化方向和驱动条件示意图

5.1.2　平台的振型设计

位于铝框两端的压电陶瓷换能器分别产生幅值相同但方向相反的行波，两路行波交汇最终在铝框的梁上产生驻波，如图 5.3 所示。在这种情况下，能量只会在铝框上以动能和势能相互转换，没有能量在水平方向传播。由于下面的梁持续不断地高频振动，梁和下面的平板基座之间产生挤压气膜力促使传输平台可以悬浮在基座上，并不在水平方向上运动。如果挤压气膜力和自传输平台的重力达到平衡，则超声波几乎完全地反射在基座上表面和传输平台的下表面之间。根据驻波的形成原理可知，对于偶数阶模态的形成，两端的压电陶瓷换能器应该具有相同的相位差，与此相反，相反的相位差将会形成奇数阶模态。

另一方面，如果铝框两端的压电陶瓷换能器施加具

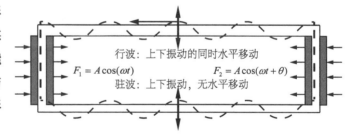

图 5.3　驻波和行波的示意图

有不同的初相位 θ 的电压，铝框的梁上将会产生行波。与驻波不同的是，将会有一部分能量沿着梁的长度方向，从铝框的一端传到另外一端。因此，平台除了可以悬浮在基座上，还可以沿着行波运动的反方向移动[4-6]。通过调整两端压电陶瓷换能器的相位差 θ 和激振频率 f，可以控制行波的波长和传播方向，进而可以改变推力的大小和方向。因此，基于近场超声悬浮原理，能够实现精确地控制物体悬浮和移动。

金属铝框在振动时可以假设在宽度方向具有相同的变形量。因此，在竖直平面上，自悬浮平台可以简化为梁结构。与此同时，梁结构满足如下的假设条件：

(1)连续性：各未知和已知量均可以用位置坐标的连续函数表示；

(2)完全弹性：即弹性常数 E、G、μ 均与受力历史(时间)无关；

(3)均匀性：材料常数与位置坐标无关；

(4)各向同性：材料常数与方向无关；

(5)小变形：各点弹性位移远远小于结构的几何尺寸，不用考虑几何非线性；

所以，我们把梁的类型定为欧拉-伯努利梁。

如图 5.4(a)所示，在自由振动分析中，左右两对压电陶瓷换能器作为激振器应该在简化模型中忽略。由于它在 X-Z 平面中上下对称，所以只用分析一半的简化模型。然而，对于强迫振动分析而言，左右两对压电陶瓷换能器需要被考虑到结构之中。因此，如图 5.4(b)所示，简化模型左右两侧的截面尺寸参数为 3 mm×10 mm×5 mm。基于复合梁理论[7]，左右两侧的梁具有如下的材料属性：密度为 6 100 kg/m³，杨氏模量为 81.57 GPa。

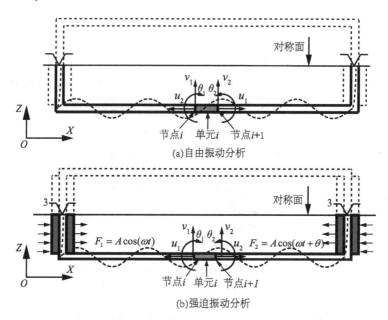

(a)自由振动分析

(b)强迫振动分析

图 5.4　自由振动分析及强迫振动分析对应的简化结构模型

简化结构模型的共振频率和模态将基于有限元法计算。前面分析过，由于此传输平台的阻尼效应非常小，所以在计算时不考虑阻尼带来的影响。局部坐标系下的刚度矩阵 $[k]^e$ 和质量矩阵 $[m]^e$ 可以表达为[7]：

$$[k]^e = \begin{bmatrix} \dfrac{EA}{l} & 0 & 0 & -\dfrac{EA}{l} & 0 & 0 \\[2mm] 0 & \dfrac{12EA}{l^3} & \dfrac{6EI}{l^2} & 0 & -\dfrac{12EI}{l^2} & \dfrac{6EI}{l^2} \\[2mm] 0 & \dfrac{6EI}{l^2} & \dfrac{4EI}{l} & 0 & -\dfrac{6EI}{l^2} & \dfrac{2EI}{l} \\[2mm] -\dfrac{EA}{l} & 0 & 0 & \dfrac{EA}{l} & 0 & 0 \\[2mm] 0 & -\dfrac{12EI}{l^2} & -\dfrac{6EI}{l^2} & 0 & \dfrac{12EA}{l^3} & -\dfrac{6EI}{l^2} \\[2mm] 0 & \dfrac{6EI}{l^2} & \dfrac{2EI}{l} & 0 & -\dfrac{6EI}{l^2} & \dfrac{4EI}{l} \end{bmatrix} \tag{5.1}$$

$$[m]^e = \begin{bmatrix} \dfrac{\rho Al}{3} & 0 & 0 & \dfrac{\rho Al}{6} & 0 & 0 \\[2mm] 0 & \dfrac{156\rho Al}{420} & \dfrac{22\rho Al^2}{420} & 0 & \dfrac{54\rho Al}{420} & -\dfrac{13\rho Al^2}{420} \\[2mm] 0 & \dfrac{22\rho Al^2}{420} & \dfrac{4\rho Al^3}{420} & 0 & \dfrac{13\rho Al^2}{420} & -\dfrac{3\rho Al^3}{420} \\[2mm] \dfrac{\rho Al}{6} & 0 & 0 & \dfrac{\rho Al}{3} & 0 & 0 \\[2mm] 0 & \dfrac{54\rho Al}{420} & \dfrac{13\rho Al^2}{420} & 0 & \dfrac{156\rho Al}{420} & -\dfrac{22\rho Al^2}{420} \\[2mm] 0 & -\dfrac{13\rho Al^2}{420} & -\dfrac{3\rho Al^3}{420} & 0 & -\dfrac{22\rho Al^2}{420} & \dfrac{4\rho Al^3}{420} \end{bmatrix} \tag{5.2}$$

式中 ρ，A，E 和 l 分别代表着单元密度、横截面积、杨氏模量和长度，其参数见表 5.1[8]。

表 5.1　自悬浮平台的尺寸和材料属性

参数	矩形框架		PZT
尺寸	上下梁	左右框	1 mm×10 mm×10 mm
	40 mm×10 mm×0.9 mm	1 mm×10 mm×11.8 mm	
材料	铝		C-213
密度	2 700 kg/m³		7 800 kg/m³
杨氏模量	70.3 GPa		82 GPa
泊松比	0.3		0.29

利用单元集成法可以求得整个系统在整体坐标系下的整体刚度矩阵 $[K]^e$ 和质量矩阵 $[M]^e$。基于牛顿第二定律，整个系统的运动方程可以表达为[9]：

$$[M]^G\{\ddot{x}\} + [K]^G\{x\} = \{F\}^G \tag{5.3}$$

在自由振动分析中，上式右侧力的列向量为零；在强迫振动分析中，由于压电陶瓷片上会有外力的施加，所以上式右侧力的列向量为关于时间变化的余弦力。

5.1.3 平台的振型分析及实验验证

图 5.5 为通过有限元计算获得自传输平台简化模型的自由振动归一化振型图。其中第三阶到第八阶模态对应的固有频率分别为 20 907 Hz、26 712 Hz、37 802 Hz、51 041 Hz、67 869 Hz 和 86 582 Hz。

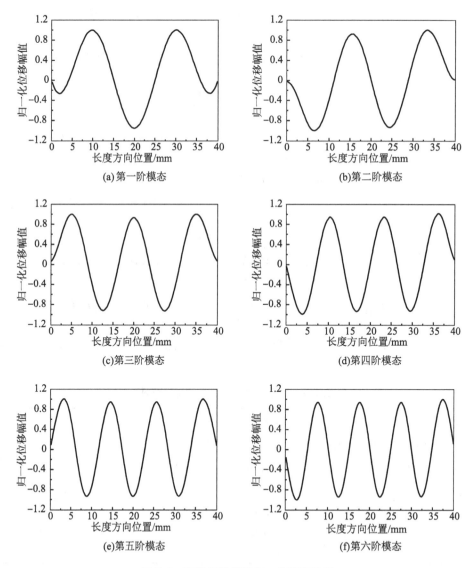

图 5.5 有限元计算的归一化模态结果

图 5.6 表示的是激振频率 $f=100$ kHz、相位差 $\theta=135°$ 时，采用有限元法计算图 5.4 (b)所示强迫振动简化模型所得到的结果。图 5.6 表示的是梁上的波随着时间的变化，波

的传输方向总体上是向左。由于加工等原因[10]，获得纯行波几乎是不可能的。因此，梁上的波是由两边压电陶瓷片产生的两个方向相反的行波叠加而得到的组合波。

有限元法计算的固有频率结果列于表 5.2。可以看出，采用有限元法求解简化结构模型所获得的固有频率和参考文献[1]中的实验结果对比基本吻合。图 5.7 表示的是文献[1]中实验测得的第三阶振动模态与本书中有限元法计算求得的模态振型对比图。

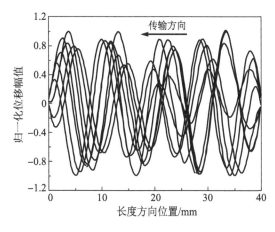

图 5.6　有限元计算所得的行波传播图　　　图 5.7　实验和简化模型求得的归一化三阶振动幅值的对比

表 5.2　不同方法求得传输平台固有频率的对比

n	f_{srt}[Hz]	$\|f_{str}-f_{exp}\|/f_{exp}$	f_{exp}[Hz]
3	20 907	9.88%	23 200
4	26 712	—	
5	37 802	12.29%	43 100
6	51 041	11.69%	45 700
7	67 869	2.49%	69 600
8	86 582	9.90%	96 100

（n—自由弯曲振动模态阶数；f_{str}—用简化模型结构求得的固有频率；f_{exp}—文献[1]中实验测得的固有频率。）

另一方面，在强迫振动分析中，由压电陶瓷片产生的激振力作用于自传输平台上，而且等于公式 5.3 中右侧力的列向量。由此可求得此传输平台上下梁关于两对压电陶瓷换能器频率和相位差的振动变形。图 5.8(a)表示的是激振频率 $f=100$ kHz，相位差 $\theta=135°$ 时，采用有限元法计算图 5.4(b)所示强迫振动简化模型所得到的振型。将计算的振型与实验测得的结果进行对比，可以看出，采用有限元法求解的结果与实验结果基本吻合。

与此同时，假设在左右两侧压电陶瓷片上施加激振频率 $f=100$ kHz，且其相位

差 $\theta=0°$。在这种情况下，从表 5.2 中可知，此平台将会产生八阶振动变形。图 5.8(b)表示由强迫振动分析模型计算所得的结果与自由振动分析中所计算出的八阶自由振动模态的结果对比。可以明显看出，两者结果对比良好，由此可验证建模方法的合理性。

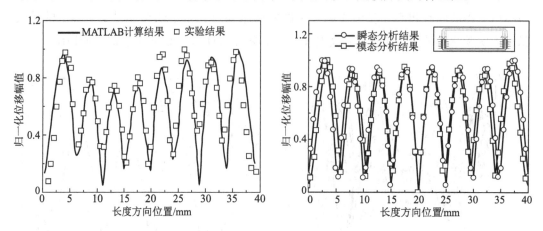

图 5.8　有限元计算与实验对比及强迫振动分析与自由振动模态对比

5.1.4　平台的气膜厚度分析

图 5.9 表示为自传输平台的运动模型示意图。通过对两边的压电陶瓷片施加频率为 f 的电压，可以使铝框的梁上产生波长为 λ、归一化振幅为 $\xi(x)$ 的振动模态，振幅关于时间 t 变化的表达式为 $f(x，t)$。当传输平台悬浮时，其平均悬浮高度为 h_0，高度关于时间 t 和位置 x 的表达

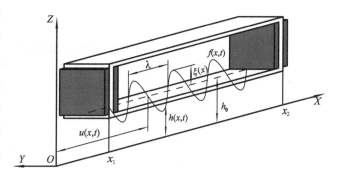

图 5.9　自传输平台求解模型示意图

式为 $h(x，t)$。当传输平台在 x 方向运动时，其运动速度关于时间 t 和位置 x 的表达式为 $u(x，t)$。

在驻波条件下，位于梁上的节点仅仅围绕平衡位置做上下振动。当驱动频率 $f=23.2\ \text{kHz}$，根据图 5.7 的实验数据，拟合出梁上的振动位移分布如图 5.10 所示，其中圆点表示三阶自由振动模态结果，实线代表在不同时刻下，梁的振动位移分布。其归一化的梁振动幅值分布函数为：

$$\xi(x)=a_0+a_1\sin(\lambda x)+b_1\cos(\lambda x)+a_2\sin(2\lambda x)$$
$$+b_2\cos(2\lambda x)+a_3\sin(3\lambda x)+b_3\cos(3\lambda x) \tag{5.4}$$

值得注意的是，拟合所得梁的振动幅值分布和自由振动模态基本吻合。

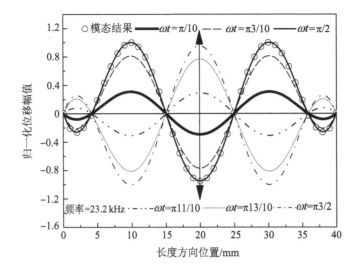

图 5.10　归一化三阶自由振动模态和一个周期内拟合振动幅值结果

最终驻波时气膜厚度可以表达为[11]：

$$h(x, t) = h_0 + f(x, t) = h_0 + \xi_0 \cdot \xi(x) \cdot \sin(\omega t) \tag{5.5}$$

其中 ξ_0 是梁振动的最大振幅。

在行波时，当对传输平台两侧的压电陶瓷片施加两个不同初始相位的正弦电压时，将会在梁上产生两个不同振幅和方向相反的一对波，基于波的叠加理论，这一对波将会形成组合波，此组合波像行波一样在梁上传播。图 5.11 表示在驱动频率 $f = 100$ kHz

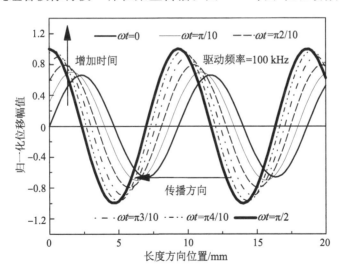

图 5.11　四分之一周期内归一化拟合的强迫振动幅值

和两侧施加电压的初始相位差 $\theta = 80°$ 的条件下，在四分之一的周期内，归一化拟合组合波沿着左侧一半梁传输的情况。它非常清晰地表示波的传输方向为左且最大幅值随时间变化而变化。此时组合波的数学表达式为[12]：

$$f(x,\ t)=\xi_0\left[a_1\sin(\omega t-kx)+a_2\sin(\omega t+kx)\right] \tag{5.6}$$

式中：$k=0.664$。

因此，行波条件下气膜厚度的表达式为[6,13]：

$$h(x,\ t)=h_0+f(x,\ t)=h_0+\xi_0\left[a_1\sin(\omega t-kx)+a_2\sin(\omega t+kx)\right] \tag{5.7}$$

由于自悬浮平台的工作过程与一维传输导轨类似，其气膜力的分析模型可以完全采用一维导轨传输模型，所以这里就不再赘述。

5.2 悬浮与传输特性分析

5.2.1 驻波条件下自驱动非接触式悬浮平台的悬浮特性

图 5.12 表示传输平台在驻波条件下，当驱动频率 $f=23.2$ kHz 时、时刻为 $\omega t=2k\pi$ 时计算所得到的无量纲气压分布。不同于两个刚性平行盘之间的气压分布图，图中的气压分布同时存在正或负[14]。值得注意的是，此平台此时在图 5.10 所示的三阶振动模态下工作。因此，气压分布图中出现了三个波。尽管此时刻的无量纲最大正气压值（1.04）和最小负气压值（0.953）的平均值小于环境大气压，但在一个周期内的平均气压依然大于周围环境大气压。由此，此传输平台可以克服自身重力而悬浮在基座表面上。

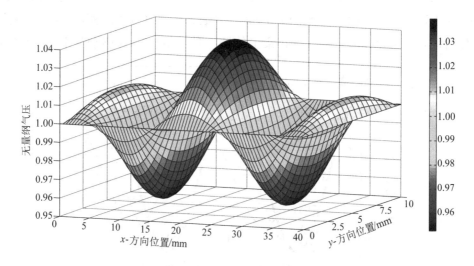

图 5.12 无量纲的气压分布

图 5.13 表示在驻波条件下，最大振动幅值与悬浮高度之间的关系，两个驱动频率分别对应着三阶和八阶自由振动模态。其中，横坐标上的位移振幅表示的是最大位移振幅 ξ_0。可以清楚地看到，随着振动幅值的增大，悬浮高度在所有频率下都会增大，这就意味着承载能力也在增大。它们之间的关系具有指数关系为 0.5 的趋势。而且 $f=23.2$ kHz 时的悬浮高度大于 $f=96.1$ kHz 的情况，这是由于较高的激振频率产生较高阶数

的自由振动模态，因此会有较大区域的负压力，从而降低了平均气压。图 5.13 同时也显示文献[1]中所测量的实验结果和基于 Hashimoto 等人[15]的计算结果。

　　由于 Hashimoto 没有考虑模态的影响，所以其计算的结果与实验的偏差较大，而本书所提出的模型计算更为准确。

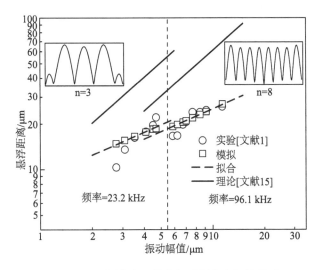

图 5.13　悬浮高度和最大振动幅值之间的关系

　　图 5.14(a)表示在 $f=23.2$ kHz 和 $f=96.1$ kHz 下，承载能力和最大激振幅值相同时，中间宽度上一个周期内的气压分布。由于传输平台在 x 方向上关于中间对称，所有只有一半长度方向上的气压表示出来。由于不同的激振频率产生不同的振动模态，而较低激振频率时产生较低的模态阶数，所以气压分布曲线的波长在低频时更大一些。此外，气压峰值也是在低激振频率时较大。这是由于在相同悬浮重力下，高激振频率产生更多的波型，因此对每个波的最大气压值要求就会降低。

　　图 5.14(b)表示在最大激振幅值相同时，悬浮力在两种激振频率下随时间变化的曲线图。在激振频率 $f=23.2$ kHz 的悬浮力峰值(0.389 N)明显大于 $f=96.1$ kHz 下的悬浮力峰值(0.249 N)。这是由于图 5.14(a)中所示的气压值在激振频率 $f=23.2$ kHz 时更大，而悬浮力是气压的积分。除此之外，图 5.14(a)中的气压高低交替出现，对应的图 5.14(b)中的悬浮力也是正负交替变化。然而，在一个周期内悬浮力为正的部分大于为负的部分，正负部分的代数和等于一个周期内的平均悬浮力，也就等于悬浮平台的重力。

　　图 5.15(a)表示在激振频率 $f=96.1$ kHz、不同振幅条件下，中间宽度上一个周期内的气压分布。可以发现，在相同时间节点上，气压峰值在振幅较小时反而较大。这是由于悬浮物体在悬浮时受到了自身弹性变形的影响，当振幅增大时，悬浮平台的弹性变形会稍微增大，从而对气压的峰值带来一定影响。

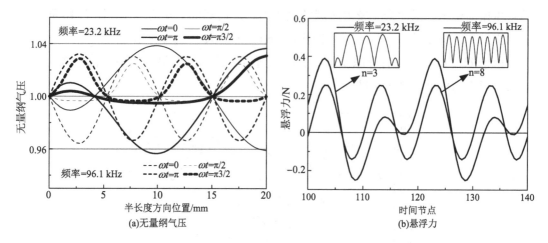

图 5.14 频率影响下的无量纲气压及悬浮力变化曲线图

在激振频率 $f = 96.1$ kHz 下，悬浮力在不同振幅条件下随时间变化的结果如图 5.15(b) 所示。很明显地发现在相同时间节点上，悬浮力随着振幅的增大而增大。尽管较小的振幅产生较小的负压值，但是由于悬浮力等于气压的积分，较小振幅时的气压积分总体更小。所以，随着振幅的增大，一个周期内的平均悬浮力是会增大，也就意味着承载能力也会增大。激振幅值对于悬浮力的影响结果与文献[16]的结果相同。

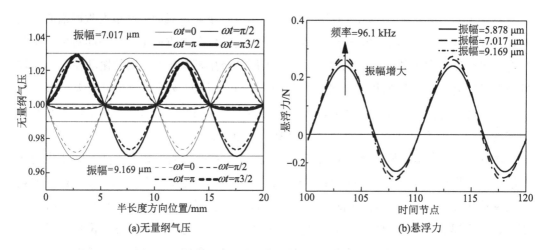

图 5.15 振幅影响下的无量纲气压及悬浮力变化曲线图

5.2.2 行波条件下自驱动非接触式悬浮平台的传输特性

图 5.16 表示在行波传输条件下，激振频率和初始相位差分别设置为 $f = 100$ kHz 和 $\theta = 80°$，中间宽度上一个周期内的气压分布。可以清楚地看出气压波形沿着 x 方向向右传播，正好与图 5.6 中行波的运动方向相反。这是由于空气运动粘度的存在，从而对平台产生向右的推力，因此平台可以向右运动。另外，由于激振产生的波形并不是纯

行波，而是驻波和行波的叠加，因此气压波形的峰值在不同时刻会发生变化。

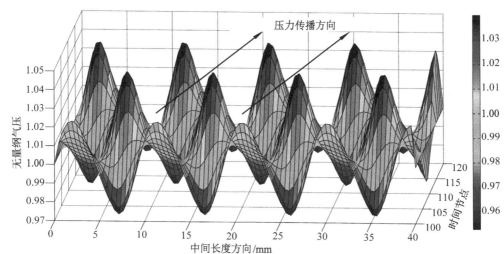

图 5.16　无量纲的气压分布图

传输平台左右两侧的压电陶瓷片之间的相位差 θ 与推力之间的关系如图 5.17(a)所示。传输平台向右运动时，此时规定推力为正。可以看出，当相位差 θ 在 $0°\sim180°$ 变化时，推力为正；当相位差 θ 在 $180°\sim360°$ 变化时，推力为负。在正负方向上的最大推力分别在相位差 θ 等于 $140°$ 和 $220°$ 出现，且等于 2.9 mN 和 -3.0 mN。Yin 在他的博士论文中也表达了相同的变化趋势[11]。这种现象的产生是由于驻波比 SWR 和最大激振幅值 ξ_0 关于 $\theta=180°$ 对称，如图 5.17(b)所示。当相位差 θ 在 $0°\sim180°$ 增加时，位移幅值一直在下降，同时驻波比 SWR 也在下降。刚开始，SWR 的影响对推力的影响比较大，所以推力会先增大。当位移幅值下降的影响大于 SWR 的影响时，推力就会减小，而且后期 SWR 持续减小，所以推力下降的梯度大于上升的梯度。同理，推力在相位差 θ 等于 $180°\sim360°$ 的范围内具有类似的变化趋势。但是，推力的数值在负方向上增大的梯度大于下降的梯度。

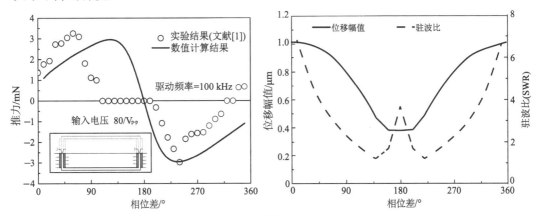

图 5.17　推力、位移幅值和驻波比 SWR 随相位差 θ 的变化图

在激振频率 f 和驻波比 SWR 分别等于 100 kHz 和 2.635 的条件下,悬浮力和推力在不同激振幅值下随时间变化的曲线图如图 5.18 所示。图 5.18(a)清楚地表示在相同时间节点上,悬浮力随着振幅的增大而增大。与此同时,悬浮力的增大梯度随着振幅的增大而减小。这也意味着悬浮力与激振幅值之间存在非线性关系。激振幅值对推力的影响也存在着相似的关系,如图 5.18(b)所示。值得注意的是,推力在整个周期内的值都为正,这也意味着传输平台一直受到向右的推力,只不过随着时间的推移大小会发生变化。文献[6]也得出相似的结果。

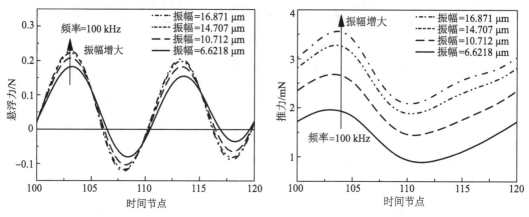

图 5.18 振幅影响下的悬浮力及推力随时间变化的曲线图

在激振频率 f 和激振幅值 ξ_0 分别等于 100 kHz 和 14.707 μm 的条件下,悬浮力和推力在不同驻波比 SWR 下随时间变化的曲线图如图 5.19 所示。如图 5.19(a)所示,与激振幅值对悬浮力的影响相似,悬浮力的峰值随着驻波比的增大而增大。然而,图5.19(b)显示推力随着驻波比的增大而减小。这是由于随着驻波比的增大,组合波中行波的比例将会降低,而驻波的比例将会增加[17]。因此,传输平台的悬浮能力将会增强,而传输能力将会削弱。

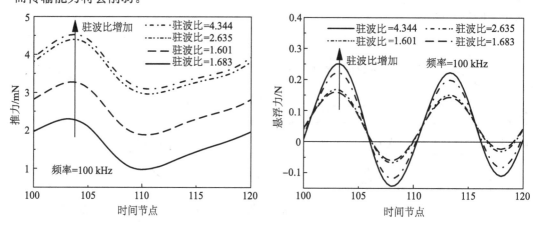

图 5.19 驻波比影响下的悬浮力及推力随时间变化的曲线图

5.3　结　论

本章通过建立运动模型，结合自传输平台的振动分析，获得驻波和行波条件下气膜厚度的表达式；通过气体润滑理论，获得挤压膜内的气压分布，进而求得悬浮力和推力。同时，针对传输平台的运动参数，基于驻波和行波两种条件，对传输平台运动特性进行参数化分析，得到的主要结论如下。

（1）传输平台在工作时的变形会导致悬浮气膜是在整个承载面下同时出现正负值。

（2）在驻波条件下，随着振动幅值的增大，悬浮高度也会增大，这就意味着承载能力也在增大，但是他们之间的变化关系并不是线性的，而是存在着指数形式下的 $h_0 \propto \xi_0^{0.5}$ 的关系。

（4）在行波条件下，当相位差 θ 在 0°～180°变化时，推力为正，平台向着右方向运动；当相位差 θ 在 180°～360°变化时，推力为负，平台向着左方向运动。在正负方向上的最大推力分别等于 2.9 mN 和 −3.0 mN，且分别出现在相位差 θ 等于 140°和 220°时。

（5）在行波条件下，悬浮力和推力都随着激振幅值的增大而增大。在相同的幅值条件下，随着驻波比 SWR 增加，悬浮力的峰值增大但推力逐渐减小。

参考文献

[1]KOYAMA D, NAKAMURA K, UEHA S. A stator for a self-running, ultrasonically-levitated sliding stage [J]. IEEE Transactions on Ultrasonics, Ferroelectrics, and Frequency Control, 2007, 54(11)：2337-2343.

[2]楼梦麟，任志刚. Timoshenko 简支梁的振动模态特性精确解 [J]. 同济大学学报：自然科学版，2002，30(8)：911-915.

[3]董惠娟，穆冠宇，李天龙. 超声悬浮传输及驻波-行波混合驱动 [J]. 科技导报，2022，40(6)：73-82.

[4]HASHIMOTO Y, KOIKE Y, UEHA S. Transporting objects without contact using flexural traveling waves [J]. The Journal of the Acoustical Society of America, 1998，103(6)：3230-3233.

[5]KOIKE Y, UEHA S, OKONOGI T, et al. Suspension mechanism in near field acoustic levitation phenomenon, Ultrasonics Symposium, 2000 [C]. IEEE Proceeding.

[6]UEHA S, HASHIMOTO Y, KOIKE Y. Non-contact transportation using near-field acoustic levitation [J]. Ultrasonics, 2000，38(1-8)：26-32.

[7]KWON Y W, BANG H. The finite element method using MATLAB [M]. 2rd ed. CRC press，2000.

[8]祝燮权. 实用金属材料手册 [M]. 上海：上海科学技术出版社，1993.

[9]ELTAHER M, ALSHORBAGY A E, MAHMOUD F. Vibration analysis of Euler-Bernoulli nanobeams by using finite element method [J]. Applied Mathematical Modelling, 2013, 37 (7)：

4787-4797.

[10]MINIKES A, BUCHER I. Noncontacting lateral transportation using gas squeeze film generated by flexural traveling waves—Numerical analysis [J]. The Journal of the Acoustical Society of America, 2003, 113(5): 2464-2473.

[11]YIN Y. Non-contact object transportation using near-field acoustic levitation induced by ultrasonic flexural waves [D]. North Carolina: North Carolina State University, 2007.

[12]FENG K, LIU Y Y, CHENG M M. Numerical analysis of the transportation characteristics of a self-running sliding stage based on near-field acoustic levitation [J]. The Journal of the Acoustical Society of America, 2015, 138(6): 3723-3732.

[13]LI J, LIU P, DING H, et al. Design optimization and experimental study of acoustic transducer in near field acoustic levitation, International Conference on Robotics and Automation, 2011 [C]. IEEE Proceeding.

[14]STOLARSKI T, CHAI W. Load-carrying capacity generation in squeeze film action [J]. International Journal of Mechanical Sciences, 2006, 48(7): 736-741.

[15]HASHIMOTO Y, KOIKE Y, UEHA S. Near-field acoustic levitation of planar specimens using flexural vibration [J]. The Journal of the Acoustical Society of America, 1996, 100 (4): 2057-2061.

[16] STOLARSKI T, CHAI W. Self-levitating sliding air contact [J]. International Journal of Mechanical Sciences, 2006, 48(6): 601-620.

[17]KOYAMA D, NAKAMURA K. Noncontact ultrasonic transportation of small objects over long distances in air using a bending vibrator and a reflector [J]. IEEE Transactions on Ultrasonics, Ferroelectrics, and Frequency Control, 2010, 57(5): 1152-1159.

第6章 圆瓦挤压膜气体轴承特性分析

圆瓦挤压膜气体轴承的结构与普通的圆柱动压气体轴承类似。但是，它通常采用压电陶瓷片或者压电振子作为激励源，挤压轴瓦与转子间隙内的气体，进而产生挤压效应。这种轴承可以有多种工作模式，一种是挤压工作模式，轴承的悬浮力主要由挤压效应提供，此时转子转速为零；另一种是动压工作模式，工作原理与传统气体动压轴承相同；此外，还可以在混合模式下工作，即挤压模式与动压模式耦合，轴承运转时轴瓦与转子之间的气体同时存在挤压效应和动压效应，两种效应相互耦合共同提供支承转子的悬浮力。本章将对一种圆瓦挤压膜气体轴承进行进行系统的理论分析。

6.1 圆瓦挤压气体轴承结构

图 6.1 所示为一种圆瓦挤压膜气体轴承结构及内壁变形示意图[1]。由图可知，轴承结构主要包含沿圆周方向均匀分布的凹槽以及特别设计的弹性铰链，每个凹槽内安装有压电陶瓷。当对压电陶瓷施加直流偏置电压时，陶瓷片产生的静态力使轴承产生一定的静态变形，由于弹性铰链的存在，轴承内壁由圆形变成三瓣波形，通过调节直流偏置电压的大小可以控制轴承的变形程度，实际运转过程中可以根据轴承转子系统稳定性需要而选择不同的直流偏置电压。另外，如果给压电陶瓷片施加一定的交流驱动电压，陶瓷片驱动轴承产生周期性的振动，挤压轴承间隙中的气体，进而产生一定的挤压悬浮力。因此，该轴承既可以在动压模式下工作，又可以在挤压模式下工作，是一种混合型轴承。

该轴承结构由文献[2,3]提出，文献作者分析了该轴承悬浮特性，并对低速运转状态下轴承动态特性进行了理论分析与实验研究。本书作者在此基础之上，将对该轴承在高频挤压及高速运转状态下的悬浮机理及动态稳定性开展系统研究。

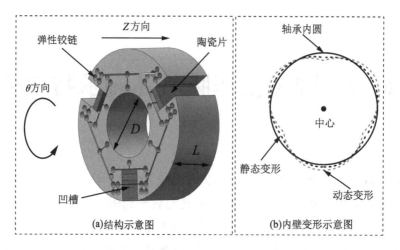

图 6.1　圆瓦挤压膜气体轴承及内壁变形示意图

6.2　圆瓦挤压膜气体轴承数学模型

6.2.1　模型示意图及模型假设

　　为获得轴承在不同工况下产生的悬浮力，需要对其进行数学分析以建立理论模型。如图 6.2 所示，O_b 和 O_s 分别为轴承中心和转子中心，e 为转子偏心距。圆瓦挤压膜气体轴承利用压电陶瓷驱动轴瓦高频振动挤压间隙中的气体，产生一定的挤压悬浮力，进而实现对转子的非接触式支撑。由于压电陶瓷片通入的是交流电，所以当挤压悬浮力稳定后，挤压气膜厚度和对应的承载力也是周期性变化。

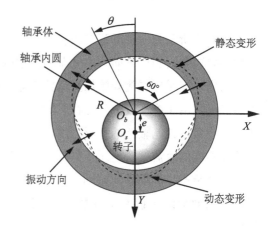

图 6.2　圆瓦挤压膜气体轴承理论模型

　　由图 6.2 可得，在笛卡尔坐标系下，x，y 方向的运动方程为：

$$\frac{\partial p}{\partial x} = \frac{\partial}{\partial z}\left(\eta\,\frac{\partial u}{\partial z}\right) \tag{6.1}$$

$$\frac{\partial p}{\partial y} = \frac{\partial}{\partial z}\left(\eta\,\frac{\partial v}{\partial z}\right) \tag{6.2}$$

将式(2.1)对 z 进行两次积分可得：

$$\eta\,\frac{\partial u}{\partial z} = \int \frac{\partial p}{\partial x}\mathrm{d}z = \frac{\partial p}{\partial x}z + C_1 \tag{6.3}$$

$$\eta u = \int \left(\frac{\partial p}{\partial x} z + C_1 \right) \mathrm{d}z = \frac{\partial p}{\partial x} \frac{z^2}{2} + C_1 z + C_2 \tag{6.4}$$

其中 C_1 和 C_2 为任意常数，由速度边界条件决定。速度边界可以表示为：

$$z = 0；\quad u = u_0 = 0；\quad v = v_0 = 0 \tag{6.5}$$

$$z = h；\quad u = u_h；\quad v = v_h \tag{6.6}$$

将速度边界条件代入式(6.5)和(6.6)可得微流体在 x 方向的流速为：

$$u = \frac{1}{2\eta} \frac{\partial p}{\partial x} (z^2 - zh) \tag{6.7}$$

同理可得微流体在 y 方向的流速为：

$$v = \frac{1}{2\eta} \frac{\partial p}{\partial y} (z^2 - zh) \tag{6.8}$$

由质量守恒定律可得气体的连续性方程为：

$$\frac{\partial \rho}{\partial t} + \frac{\partial (\rho u)}{\partial x} + \frac{\partial (\rho v)}{\partial y} + \frac{\partial (\rho w)}{\partial z} = 0 \tag{6.9}$$

对于可压缩气体，其状态方程为：

$$\frac{p}{\rho} = \frac{p_a}{\rho_a} \tag{6.10}$$

对连续性方程(6.9)沿挤压气膜厚度方向进行积分，并将式(6.7)和(6.8)代入积分函数，同时结合气体状态方程(6.10)，进行坐标变换可得挤压膜气体轴承无量纲化的雷诺方程：

$$\frac{\partial}{\partial \theta}\left(PH^3 \frac{\partial P}{\partial \theta}\right) + \frac{\partial}{\partial Z}\left(PH^3 \frac{\partial P}{\partial Z}\right) = \Lambda \frac{\partial (PH)}{\partial \theta} + \sigma \frac{\partial (PH)}{\partial T} \tag{6.11}$$

其中 Λ 为轴承数，其表达式为：

$$\Lambda = \frac{6\eta \Omega}{p_a} \left(\frac{R}{C}\right)^2 \tag{6.12}$$

Ω 为转子的角速度(rad/s)；

6.2.2　圆瓦挤压膜气体轴承有限元分析

挤压膜气体轴承在不同的驱动频率下，表现出不同的振动特性，轴承结构振型和振动幅值对挤压悬浮效果影响较大。挤压膜气体轴承在谐振状态下可以获得较大的振动幅值，但是轴承振型未必是最理想的振型，所以需要综合考虑结构振动幅值和振型以获得较理想的挤压悬浮效果。

本章采用 ANSYS 软件对轴承进行谐响应分析，轴承采用的压电陶瓷沿长度方向进行极化，划分网格后的轴承模型如图 6.3 所示。图 6.4 所示为圆瓦挤压膜气体轴承谐响应分析结果。由图可知，在谐振状态下，轴承的振型表现出相似的三瓣波形，具有很好的对称性。

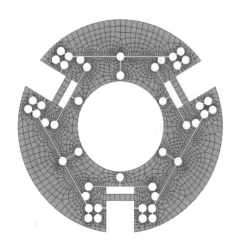

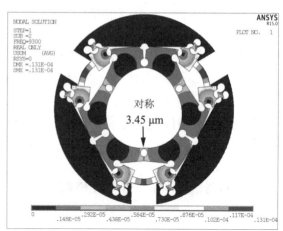

图 6.3 挤压膜气体轴承网格划分　　　　　图 6.4 谐响应分析结果

6.2.3 气膜厚度方程及边界条件

在压电陶瓷作用下，轴承内壁由圆形变成三瓣波形，发生一定的静态变形和动态变形，因此，挤压膜气体轴承气膜厚度可以表示为：

$$h = C + e_x \sin\theta + e_y \cos\theta + \delta_s(\theta, z) + \delta_d(\theta, z, t) \tag{6.13}$$

式中，e_x 为转子沿 x 方向偏心距；e_y 为转子沿 y 方向偏心距；$\delta_s(\theta, z)$ 为轴承静态气膜厚度（静态变形）；$\delta_d(\theta, z, t)$ 为轴承动态气膜厚度（动态变形）。

给压电陶瓷输入一定的直流偏置电压（Voff），圆瓦挤压膜气体轴承会产生一定的静态变形，静态变形造成气膜厚度的变化可以为：

$$\delta_s(\theta, z) = e_{w0}\sin(3\theta) + |0.079\,86 e_{w0}\sin(3\theta)| \tag{6.14}$$

同理，给压电陶瓷输入一定的交流驱动电压（Vamp），圆瓦挤压膜气体轴承会产生一定的动态变形，动态变形造成气膜厚度的变化可以表示为：

$$\delta_d(\theta, z, t) = A(\theta, z)\sin(2\pi ft) \tag{6.15}$$

式中，e_{w0} 为轴承静态变形幅值；f 为压电陶瓷驱动频率；$A(\theta, z)$ 为轴承表面振型分布函数。

由图 6.4 结果可知，轴承结构振型对称性较好，沿圆周方向分为振型相等的三部分。以其中的一部分为研究对象，提取电压为 30 V 和 50 V 时轴承表面的振动幅值，结果如图 6.5 所示。由图可知，轴承表面振型存在两个节点，节点处振动幅值为零。驱动电压越大，轴承表面的振动幅值越大，对图中的振动幅值分布曲线进行拟合可得轴承表面振型分布函数为：

$$A(\theta, z) = -0.783 e_w \cos(3\theta) + |0.2174 e_w \cos(3\theta)| \tag{6.16}$$

其中 e_w 为轴承动态振动幅值, 不同驱动电压下 e_w 的值是不同的。

圆瓦挤压膜气体轴承气压分布在整个轴承内表面, 因此, 其满足连续性边界条件:

$$P(\theta, z) = P(\theta + 2\pi, z)$$

$$(6.17)$$

轴承两端直接与环境接触, 边界条件为:

$$P\left(\theta, \frac{-L}{2}\right) = P\left(\theta, \frac{L}{2}\right) = 1$$

$$(6.18)$$

此外, 轴承气膜压力会发生周期性变化, 因此, 需要满足初始边界条件及周期性边界条件分别如下:

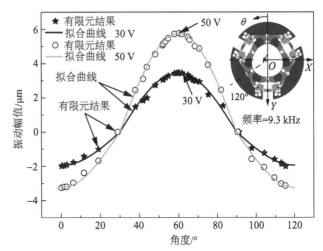

图 6.5 轴承表面振动幅值分布

$$P\mid_{T=0} = p_a = 1 \tag{6.19}$$

$$P\mid_T = P\mid_{T+2\pi}, \ H\mid_T = H\mid_{T+2\pi} \tag{6.20}$$

6.2.4 圆瓦挤压膜气体轴承承载特性求解

采用有限差分法并结合圆瓦挤压膜气体轴承的边界条件对公式 6.11 进行求解, 获得轴承的气膜压力分布, 对整个求解域内的气压分布进行积分, 可得气膜压力沿 x 方向和 y 方向作用于转子的力为:

$$F_x = -p_a R \int_{\frac{-L}{2}}^{\frac{L}{2}} \int_0^{2\pi} (P-1)\sin\theta R\,\mathrm{d}\theta\,\mathrm{d}z \tag{6.21}$$

$$F_y = -p_a R \int_{\frac{-L}{2}}^{\frac{L}{2}} \int_0^{2\pi} (P-1)\cos\theta R\,\mathrm{d}\theta\,\mathrm{d}z \tag{6.22}$$

则轴承一个周期的平均承载力可以表示为:

$$F_{mx} = \frac{1}{2\pi}\int_0^{2\pi} F_x\,\mathrm{d}T \tag{6.23}$$

$$F_{my} = \frac{1}{2\pi}\int_0^{2\pi} F_y\,\mathrm{d}T \tag{6.24}$$

6.2.5 圆瓦挤压膜气体轴承非线性模型

气膜力和转子的质量偏心力会导致转子表现出一定的非线性特性。可以通过建立转子的非线性动力学方程对转子的运动轨迹进行仿真[4]。在整个求解时间内, 通过求解不同时刻的转子运动方程和气体控制方程，获得转子在不同时刻的位置，进而获得整个求解时间内转子的运动轨迹。当受到外载荷、气膜力和质量偏心力作用时，转子在 x 方向和 y 方向的运动方程为：

$$M\ddot{x} = F_{mx} - Me_b\Omega^2\sin(\Omega t) - W_0 \tag{6.25}$$

$$M\ddot{y} = F_{my} + Me_b\Omega^2\cos(\Omega t) \tag{6.26}$$

式中，M 为转子质量；F_{mx} 为 x 方向平均气膜力；F_{my} 为 y 方向平均气膜力；e_b 为不平衡质量偏心距；Ω 为转子角速度；t 为时间；W_0 为外载荷。

对式(6.25)和式(6.26)做进一步变换可得转子在 x 方向和 y 方向的加速度为：

$$\ddot{x} = (F_{mx} - Me_b\Omega^2\sin(\Omega t) - W_0)/M \tag{6.27}$$

$$\ddot{y} = (F_{my} + Me_b\Omega^2\cos(\Omega t))/M \tag{6.28}$$

计算过程中时间步增量为 Δt，则转子的速度可以表示为：

$$\dot{x}(t+\Delta t) = \dot{x}(t) + \ddot{x}(t+\Delta t)\Delta t \tag{6.29}$$

$$\dot{y}(t+\Delta t) = \dot{y}(t) + \ddot{y}(t+\Delta t)\Delta t \tag{6.30}$$

转子的位移可以表示为：

$$x(t+\Delta t) = x(t) + \dot{x}(t+\Delta t)\Delta t + \frac{1}{2}\ddot{x}(t+\Delta t)\Delta t^2 \tag{6.31}$$

$$y(t+\Delta t) = y(t) + \dot{y}(t+\Delta t)\Delta t + \frac{1}{2}\ddot{y}(t+\Delta t)\Delta t^2 \tag{6.32}$$

程序求解过程中首先初始化轴承参数，给定转子的初始位置及求解时间步长等参数。通过求解气体控制方程(6.11)获得 t 时刻作用在转子上的气膜力，然后求解转子运动方程(6.25)和(6.26)获得 t 时刻转子的速度和加速度，从而进一步得到转子在 t 时刻的位移 $x(t)$ 和 $y(t)$。转子 t 位移的改变，导致轴承气膜间隙在 $t+\Delta t$ 时刻发生改变，接下来，求解 $t+\Delta t$ 时刻转子受到的气膜力，进一步获得新的转子位移 $x(t+\Delta t)$ 和 $y(t+\Delta t)$，循环进行，直到求解时间达到设定值。不同时刻的转子位置，组成转子随时间变化的运动轨迹，通过对求解的轨迹进行分析，可以判定轴承转子系统的稳定性。

6.3 圆瓦挤压气体轴承承载特性分析

图 6.6 所示为三种工作模式下圆瓦挤压膜气体轴承气压分布。由图可知，挤压工作模式下挤压气膜压力分布连续且对称分布，气压有三个明显的峰值，轴承的变形使气压分布明显区别于内径圆形的轴承，在轴承最小气膜间隙处，挤压效果明显，获得了最大气膜压力值，对应的气压分布峰值和轴承承载力分别为 1.22 和 2.113 N。图 6.6(b)和(c)分别为动压工作模式和耦合工作模式下轴承的气膜压力分布，两种工作模式下气膜压力值表现为明显的正负气压分布。在动压工作模式下，轴承并未变形，内径和传统动

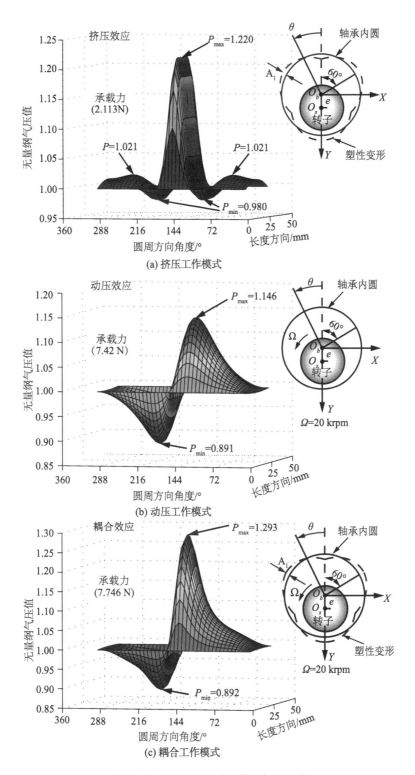

图 6.6　三种工作模式下轴承气压分布

压气体轴承一样为圆形。将动压效应和挤压效应耦合在一起，即耦合工作模式下，轴承内径由圆形变成三瓣波形。对比图中结果可知，圆瓦挤压膜气体轴承在三种工作模式下都可以实现对转子的支撑。将挤压效应和动压效应耦合之后表现出正向的作用，对轴承的承载力有一定的促进作用。

图 6.7 所示为不同工作模式下轴承承载力随偏心率的变化趋势。从图中可知，轴承承载力随偏心率的增加是非线性增加，且在三种工作模式下具有相似的变化规律。在相同偏心率下，耦合动压效应和挤压效应的耦合工作模式获得最大的承载力，挤压工作模式下的承载力最小。这进一步说明动压效应和挤压效应耦合之后产生了一定的正向作用，对轴承的承载力有增强作用。此外，由图可知，在挤压工作模式下，轴承在偏心率较大时能够获得足够大的承载力。这说明了圆瓦挤压膜气体轴承单独运转在挤压工作模式下也是可以产生较理想的悬浮效果。

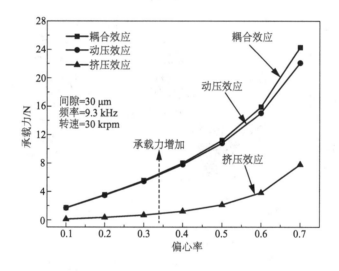

图 6.7　不同工作模式下承载力随偏心率的变化趋势

图 6.8 所示为轴承在耦合工作模式下承载力随驱动电压和偏心率的变化趋势。由图可知，交流驱动电压越大，轴承承载力越大。这是因为交流驱动电压增加，挤压效应增强，进而获得较大的承载力。此外，对压电陶瓷施加一定的直流偏置电压，轴承的承载力会增强。这是由于偏置电压产生的驱动力使轴承发生了变形，结构中特别布置的弹性铰链使轴承产生的变形对耦合运转模式下的承载力产生了增强作用。

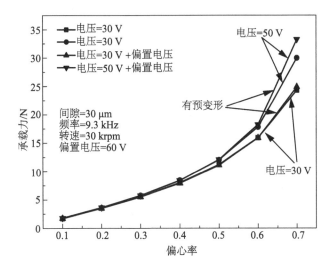

图 6.8　耦合工作模式下承载力随驱动电压和偏心率的变化趋势

图 6.9 所示为轴承在耦合工作模式下承载力随转速和偏心率的变化趋势。由图可知，不同转速下，承载力随偏心率增加而非线性增加，偏心率相同时，转速越高，承载力越大。这是因为转速递增使得动压效应增强，产生了较大的承载力。在不同转速下，对陶瓷片施加一定的偏置电压可以增强轴承的承载力，但是这种变化并不明显。

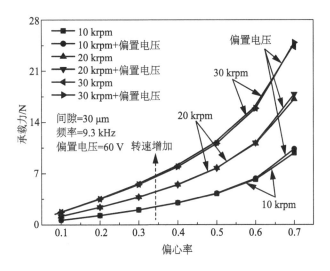

图 6.9　耦合工作模式下承载力随转速和偏心率的变化趋势

图 6.10 所示为不同工作模式和名义间隙下转子轴心随外载荷的变化趋势。由图可知，在不同工作模式和名义间隙下，随着外载荷的增加，转子轴心的位置逐渐变化，并且越来越靠近轴承内壁。外载荷越大，轴承需要提供的承载力越大，减小气膜厚度可以增强动压效应和挤压效应，因此，转子轴心随着外载荷增加逐渐靠近轴承内壁。

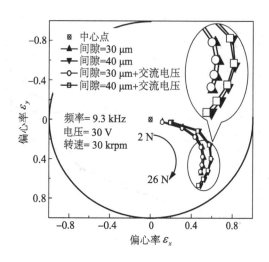

图 6.10　不同工作模式和名义间隙下转子轴心随外载荷的变化趋势

6.4　圆瓦挤压膜气体轴承稳定性分析

通过转子运动的非线性模型可以对转子在运转状态下的运动轨迹进行预测，以此判断轴承转子系统的稳定性。图 6.11 所示为不同工作模式下转子的运动轨迹。图 6.11(a)所示为动压工作模式下转子的运动轨迹。由图可知，在这种运转状态下转子的运动轨迹逐渐发散，最终将导致转子与轴承壁相碰，轴承转子系统失稳。相同的运转条件下，对压电陶瓷施加 60 V 的偏置电压，使轴承的内壁由圆形变成三瓣波形，转子运动轨迹如图 6.11(b)所示。由图可知，转子的运动轨迹经过数个运动周期后，逐渐收敛，最终稳定在($\varepsilon_x = 0.588$，$\varepsilon_y = 0.245$)的位置。这说明偏置电压使轴承内壁由圆形变成三瓣波形后，改变了轴承间隙内气压分布，增强了轴承转子系统的稳定性。在动压工作模式下，对压电陶瓷施加 30 V 的交流电压，将挤压效应耦合到动压效应中，转子的运动轨迹如图 6.11(c)所示。由图可知，耦合挤压效应之后的转子运动轨迹逐渐收敛，最终稳定在($\varepsilon_x = 0.578$，$\varepsilon_y = 0.367$)的位置，这说明挤压效应产生的声辐射力增强了转子系统的稳定性，挤压效应可以作为增强动压气体轴承稳定性的有效工具。

图 6.12 所示为不同工作模式下转子失稳转速与外载荷的关系。由图可知，转子的失稳转速随外载荷的增加表现出非线性的变化趋势。在动压工作模式下，转子的失稳转速随外载荷的增加而增加。在耦合工作模式下，外载荷从 2 N 增加到 10 N 时，转子的失稳转速也是随外载荷的增加而增加，并且交流驱动电压越大，转子失稳转速越高，最终耦合工作模式下的失稳转速大于动压工作模式，说明系统在耦合运转模式下稳定性更强。需要指出的是，随着外载荷的继续增加，交流驱动电压为 30 V 的失稳转速略有下

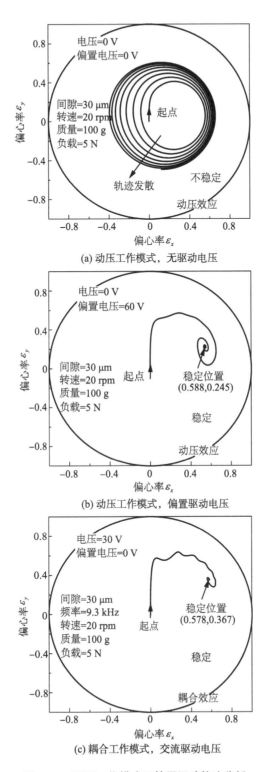

(a) 动压工作模式，无驱动电压

(b) 动压工作模式，偏置驱动电压

(c) 耦合工作模式，交流驱动电压

图 6.11　不同工作模式下转子运动轨迹分析

降，这是因为外载荷过大，造成转子偏心距过大，挤压效应会急剧增加，此时，挤压效应产生的声辐射力对转子系统的稳定性产生一定的扰动作用，因此，转子的失稳转速略有下降。

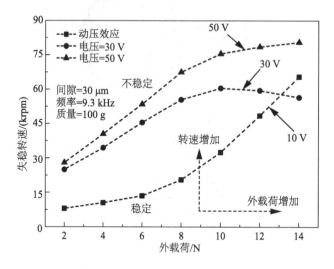

图6.12　不同工作模式下转子失稳转速与外载荷的关系

图6.13所示为不同驱动电压下转子失稳转速与外载荷的关系。由图可知，当外载荷从2 N增加到10 N时，轴承在不同驱动电压下，失稳转速均随外载荷增加而增加，驱动电压越大，轴承的失稳转速越高。当对轴承施加60 V的偏置电压，使轴承发生一定的变形时，可以增加失稳转速，轴承的稳定性增强。当外载荷从10 N增加到14 N时，轴承在带有偏置电压的运转状态下，失稳转速继续增加，而在无偏置电压的运转状态，失稳转速却下降，进一步说明了偏置电压使轴承产生的静态变形对系统的稳定性产生了增强作用。

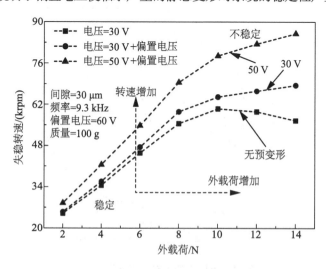

图6.13　不同驱动电压下转子失稳转速与外载荷的关系

6.5　结　论

本章推导了一种柔性铰链式圆瓦挤压膜气体轴承理论分析模型，求解了该轴承在高频振动下的结构振型，分析了三种运转模式（挤压工作模式、动压工作模式和混合工作模式）下的轴承悬浮承载机理，并探讨了不同运转状态下挤压膜气体轴承的动态稳定性。挤压膜气体轴承可以以多模式进行工作，在挤压工作模式下，悬浮力可以实现对转子的有效支撑悬浮，在混合工作模式下，轴承的结构变形和挤压悬浮力能够促进转子系统的稳定性。

参考文献

[1]FENG K，SHI M，GONG T，et al. Integrated numerical analysis on the performance of a hybrid gas-lubricated bearing utilizing near-field acoustic levitation[J]. Tribology Transactions，2018，61 (3)：482-493.

[2]HA D，STOLARSKI T，YOSHIMOTO S. An aerodynamic bearing with adjustable geometry and self-lifting capacity. Part 1：self-lift capacity by squeeze film[J]. Proceedings of the Institution of Mechanical Engineers，Part J：Journal of Engineering Tribology，2005，219(1)：33-39.

[3]STOLARSKI T A. Running characteristics of aerodynamic bearing with self-lifting capability at low rotational speed[J]. Advances in Tribology，2011，2011.

[4]BOU-SAID B，GRAU G，IORDANOFF I. On nonlinear rotor dynamic effects of aerodynamic bearings with simple flexible rotors [J]. Journal of Engineering for Gas Turbines and Power，2008，130(1)：012503.

第7章 可倾瓦挤压膜气体轴承悬浮承载特性分析

普通圆柱挤压膜气体轴承在高速运转状态下的稳定性较差，在实际工程应用中会受到一定的限制。可倾瓦挤压膜气体轴承是在圆柱挤压膜气体轴承的基础之上发展起来的一种新型轴承结构。相比于传统圆柱挤压膜气体轴承，可倾瓦挤压膜气体轴承具有交叉刚度小、稳定性好的特点，具有广阔的应用前景。本章将对新型柔性支承可倾瓦挤压膜气体轴承进行介绍。

7.1 可倾瓦挤压膜气体轴承结构

可倾瓦挤压膜气体轴承结构如图 7.1 所示，主要包含五个部分：轴承体、径向梁、转动梁、瓦块和陶瓷片[1]。三个凹槽沿圆周方向均匀分布，陶瓷片通过环氧树脂胶粘贴在径向梁表面，瓦块通过径向梁和转动梁与轴承体连接。陶瓷片沿厚度方向极化，在激励信号作用下能够产生径向振动，同时带动径向梁、转动梁和瓦块振动，这四部分组成轴承的一个振动单元，该轴承结构共包含三个振动单元。六个通孔均匀分布在轴承体外圈上，采用螺栓连接轴承与支撑结构。该轴承继承了传统可倾瓦轴承的优点，在运转过程中径向梁和转动梁能够分别产生径向和绕梁方向的运动，进而使瓦块适应转子的不同运转状态。轴承尺寸参数如表 7.1 所示。

表 7.1 轴承尺寸参数

参数	数值
轴承内径	29.89 mm
轴承外径	48 mm
轴承长度	25 mm
凹槽宽	18 mm
凹槽数	3
瓦块个数	3
瓦块弧长	116°

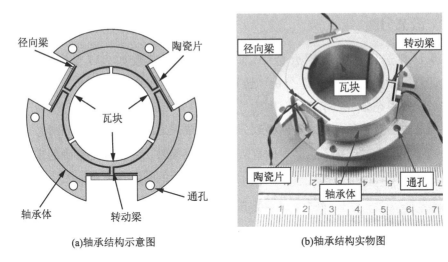

(a)轴承结构示意图　　　　　　　(b)轴承结构实物图

图 7.1　可倾瓦挤压膜气体轴承结构及实物图

7.2　轴承有限元分析及模型建立

7.2.1　控制方程

图 7.2 为挤压膜气体轴承模型示意图。θ_s 和 θ_e 分别为瓦块起始角和终点角。O_b 和 O_s 分别为轴承中心和转子中心。挤压膜气体轴承在运转过程中，在瓦块表面和转子表面之间形成一层气体挤压膜，挤压膜厚度为 h。瓦块受到间隙中挤压气膜压力的作用，会产生一定的径向位移和转动角度，造成瓦块表面和转子表面间隙中的挤压膜厚度发生改变。此外，压电陶瓷片驱动瓦块产生高频振动会使瓦块产生弯曲变形，形成一定的振型，该振型也会使挤压气膜厚度发生变化。因此，瓦块的平衡是陶瓷片产生的驱动力和挤压气膜产生的承载力共同作用的结

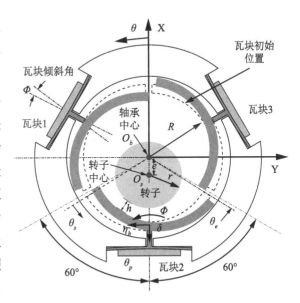

图 7.2　轴承模型示意图

果。挤压气膜厚度增加使得悬浮承载力下降，反之增加。分析可倾瓦挤压膜气体轴承控制方程模型与第六章圆瓦轴承控制方程的推导过程一样，这里不再赘述。

7.2.2 模态分析

轴承材料选用高强度铝合金 AL2024，其性能参数如表 7.2 所示。本章采用 ABAQUS 软件对轴承进行模态分析，选择线性摄动频率提取分析步，采用 Lanczos 求解方法，设置模态分析频率提取范围为 20 kHz～60 kHz，设置输出变量为 U。采用自由网格划分方法对轴承模型进行网格划分，设置单元形状为四面体。同时考虑到轴承瓦块与径向梁和转动梁连接，且其表面直接与挤压膜接触，为获取更精确的求解结果，对轴承瓦块网格进行局部细化。可倾瓦挤压膜气体轴承的有限元模型如图 7.3 所示。

表 7.2 轴承和压电陶瓷片材料特性参数

参数	轴承	压电陶瓷
材料	AL2024	C-213
密度	2 780 Kg/m³	7 800 Kg/m³
杨氏模量	73.1 GPa	82.0 GPa
泊松比	0.33	0.30

图 7.4 为模态分析求解结果。由图可知挤压膜气体轴承在求解频率范围内主要有 5 阶模态振型，每阶模态对应一定的固有频率和振型。从整体来看，轴承瓦块不仅产生径向振动，而且产生一定的扭转振动，瓦块中间和两端振动位移相对较大，因此挤压膜气体轴承模态振型对气膜厚度的影响不能忽略。对于挤压膜气体轴承模态振型的选择要综合考虑振型分布及其振动幅值，一般振型对称分布的模态可以获得较好的挤压悬浮特性。对比柔性支承可倾瓦挤压膜气体轴承的第 5 阶模态振型可知，第 3 阶模态振型对称性较好且瓦块轴

瓦块网格
细化

图 7.3 柔性支承可倾瓦挤压膜气体轴承网格划分

向振型一致。因此，本章选取第 3 阶模态振型进行研究，其共振频率为 49.1 kHz。

7.2.3 应力分析

陶瓷片产生的驱动位移直接作用在径向梁表面使其处于高频振动状态，容易造成失效[2]。本小节对可倾瓦挤压膜气体轴承进行应力分析，以判断轴承结构是否失效。分析过程中将压电陶瓷作用简化为对径向梁的驱动位移作用，施加位移为 8 μm，该位移远

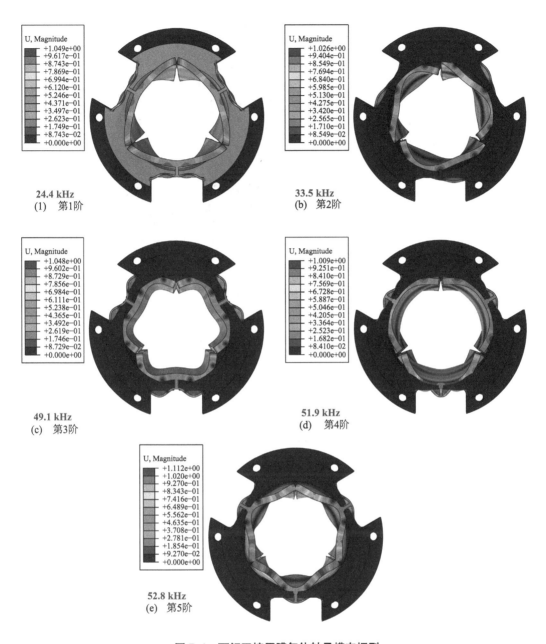

图 7.4　可倾瓦挤压膜气体轴承模态振型

大于压电陶瓷所能产生的振动位移，分析过程中对轴承外圈肋板和六个通孔施加完全固定约束。求解结果如图 7.5 所示，由图可知，柔性支承可倾瓦挤压膜气体轴承最大应力分布在径向梁的两端，最大应力为 67.05 MPa，远小于 AL2024 铝合金材料的屈服强度 345 MPa。因此，设计的轴承可以在不同的驱动参数下正常运转。

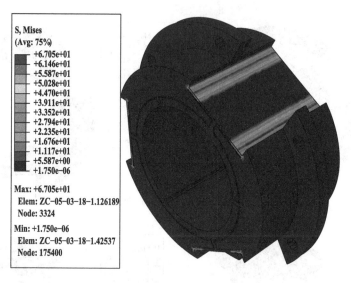

图 7.5　可倾瓦挤压膜气体轴承应力云图

7.2.4　气膜表达式与边界条件

挤压膜气体轴承气膜厚度大小通常为微米数量级。压电陶瓷片驱动瓦块产生高频振动会使瓦块产生弯曲变形，形成一定的振型，进而使气膜厚度发生变化，影响求解精度。因此，在实际求解过程中不能将瓦块视为形状不变的刚体。图 7.6 所示为柔性支承可倾瓦挤压膜气体轴承气膜厚度组成示意图。由图可知，柔性支承可倾瓦挤压膜气体轴

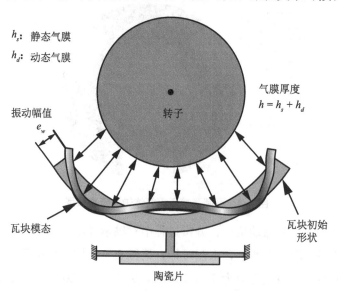

图 7.6　挤压膜气体轴承气膜厚度组成

承气膜厚度可表示为：

$$h = h_{\mathrm{s}} + h_{\mathrm{d}} \tag{7.1}$$

上式中 h_s 和 h_d 分别为静态气膜厚度和动态气膜厚度。h_s 主要由轴承尺寸参数确定，其可以表示为：

$$h_s = C - r_g + e_x \cos\theta + e_y \sin\theta + (\delta - r_p)\cos(\theta - \theta_p) + (\eta_h - R\varPhi)\sin(\theta - \theta_p)$$

$$(7.2)$$

式中，r_g 为转子在离心状态下产生的径向伸长量；e_x 和 e_y 为转子由于偏心而产生的 x 和 y 方向的偏心量；δ 为瓦块径向位移，r_p 为瓦块预载位移；θ_p 为瓦块支点位置角；η_h 为瓦块横向运动位移；$\varPhi$ 为瓦块倾斜角度。

动态气膜厚度 h_d 可以通过拟合瓦块的模态振型获得，其表达式为：

$$h_d = A(\vartheta,\ z)\sin(\omega t) \tag{7.3}$$

其中 $A(\vartheta,\ z)$ 为瓦块模态振型拟合函数，其具体表达式将在下面进行求解。

综上，无量纲的挤压气膜厚度可以表示为：

$$H = \frac{h_s}{C} + \frac{h_d}{C} \tag{7.4}$$

初始状态下，挤压膜气体轴承直接与周围环境气体相通，则初始边界条件设置为：

$$P\big|_{T=0} = p_a = 1 \tag{7.5}$$

运转过程中，轴承长度方向两端以及瓦块圆周方向两端直接与周围环境相通，则运转状态下的边界条件设置为：

$$P(\theta=\theta_s,\ Z)=1,\ P(\theta=\theta_e,\ Z)=1,\ P\Big(\theta,\ Z=\pm\frac{L}{2R}\Big)=1 \tag{7.6}$$

同时，挤压膜气体轴承运转状态是周期性变化的，因此，需要满足周期性边界条件：

$$P\big|_T = P\big|_{T+2\pi},\ H\big|_T = H\big|_{T+2\pi} \tag{7.7}$$

7.2.5 轴承承载力求解及瓦块受力分析

通过对控制方程的分析求解，可以得到整个求解域内挤压气膜压力的分布。对挤压气膜压力进行积分，可得第 i 块瓦沿 x 方向和 y 方向的气膜力为：

$$F_{Px}^i = -p_a R \int_{-L/(2R)}^{L/(2R)} \int_{\theta_s^i}^{\theta_e^i} (P-1)\cos\theta R\,\mathrm{d}\theta\,\mathrm{d}Z \tag{7.8a}$$

$$F_{Py}^i = -p_a R \int_{-L/(2R)}^{L/(2R)} \int_{\theta_s^i}^{\theta_e^i} (P-1)\sin\theta R\,\mathrm{d}\theta\,\mathrm{d}Z \tag{7.8b}$$

挤压悬浮系统稳定后一个周期内的平均承载力可以表示为：

$$F_{mPx}^i = \frac{1}{2\pi}\int_0^{2\pi} F_{Px}^i\,\mathrm{d}T \tag{7.9a}$$

$$F_{mPy}^i = \frac{1}{2\pi}\int_0^{2\pi} F_{Py}^i\,\mathrm{d}T \tag{7.9b}$$

瓦块在气膜力作用下的受力分析如图 7.7 所示，由图可知，分别施加在瓦块径向方向和转动方向的力矩可以表示为：

$$F_{P\delta}^i = -F_{Px}^i \cos\theta_P^i - F_{Py}^i \sin\theta_P^i \qquad (7.10a)$$

$$M_{P\varphi}^i = -RF_{Px}^i \sin\theta_P^i + RF_{Py}^i \cos\theta_P^i \qquad (7.10b)$$

同理，挤压悬浮系统稳定后一个周期内的平均作用力可以表示为：

$$F_{mP\delta}^i = \frac{1}{2\pi}\int_0^{2\pi} F_{P\delta}^i \, dT \qquad (7.11a)$$

$$M_{mP\varphi}^i = \frac{1}{2\pi}\int_0^{2\pi} M_{P\varphi}^i \, dT \qquad (7.11b)$$

则瓦块在挤压气膜力作用下的平衡方程为：

$$K_\delta \delta = F_{mP\delta}^i \qquad (7.12a)$$

$$K_\varphi \varphi = M_{mP\varphi}^i \qquad (7.12b)$$

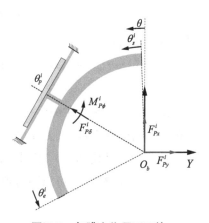

图 7.7　气膜力作用下瓦块
受力分析模型

其中 $i = 1, \cdots, n$，n 为瓦块数，K_δ 和 K_φ 分别为瓦块的径向刚度和转动刚度。轴承瓦块及运转状态参数如表 7.3 所示。

表 7.3　轴承瓦块及运转状态参数

参　　数	数　　值
径向刚度（K_δ）	1.026×10^6 N/m
转动刚度（K_φ）	20.58 Nm/rad
瓦块数（n）	3
环境温度	20 ℃
空气动力粘度	1.85×10^{-5} Pa·s
环境气压	1.01×10^5 Pa

7.2.6　可倾瓦挤压膜气体轴承转子位移调控模型

挤压膜气体轴承的一个重要的特点是可以通过调节压电陶瓷片或者压电振子的激励信号实现对轴承特性的调控。径向基函数 RBF 神经网络具有最佳逼近和全局最优性能的特点[3,4]，在非线性时间序列预测中得到越来越多的重视。本节将建立基于 RBF 神经网络的轴承转子轨迹预测模型，进而实现挤压膜气体轴承的主动化、智能化控制。

图 7.8 为 RBF 神经网络模型结构图，结合轴承结构及转子轨迹信号的特点，本节建立的预测模型为一种三输入两输出的预测模型。以高斯函数为激活函数，则径向基函数的激活函数可以表示为：

$$h_j = R(x - c_{ij}) = \exp\left(\frac{1}{2b_j^2}\|x - c_{ij}\|^2\right), \quad j = 1, 2, \cdots m \qquad (7.13)$$

式(7.13)中的 $x=[x_1,\ x_2,\ \cdots,\ x_i]^T$，为输入函数，$c_{ij}=[c_{i1},\ \cdots,\ c_{ij}]$，$i=1,\ \cdots,\ n$，$n$ 为隐含层中第 j 个神经元的中心向量，h_j 为第 j 个隐含层神经元的输出。

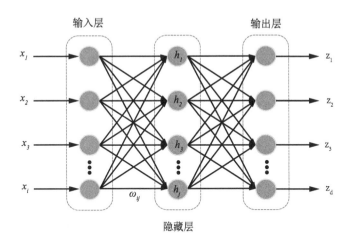

图 7.8　RBF 神经网络模型

进一步取网络的基宽向量和权值为：

$$b=[b_1,\ \cdots,\ b_j]^T \tag{7.14}$$

$$w=[w_1,\ \cdots,\ w_j]^T \tag{7.15}$$

式中，b_j 为节点 j 的基宽参数，且为正值。

则网络输出为：

$$y_d=\sum_{i=1}^{h}w_{ij}h_j,\ d=1,\ \cdots,\ k \tag{7.16}$$

设误差指标为：

$$E(t)=\frac{1}{2}(y(t)-y_m(t))^2 \tag{7.17}$$

采用梯度下降法对网络的权值、中心及基宽进行更新调整，其表达式为：

$$b_j(t)=b_j(t-1)-\eta\frac{\partial E}{\partial b_j}+\alpha(b_j(t-1)-b_j(t-2)) \tag{7.18}$$

$$w_j(t)=w_j(t-1)-\eta\frac{\partial E}{\partial w_j}+\alpha(w_j(t-1)-w_j(t-2)) \tag{7.19}$$

$$c_j(t)=c_j(t-1)-\eta\frac{\partial E}{\partial c_j}+\alpha(v_j(t-1)-c_j(t-2)) \tag{7.20}$$

其中，$\eta\in(0,\ 1)$，表示学习效率，$\alpha\in(0,\ 1)$，表示动力因子。

7.3　可倾瓦挤压膜气体轴承振动特性测试

7.3.1　轴承振动特性测试实验台

图 7.9(a)为可倾瓦挤压膜气体轴承振动特性测试实验台示意图。测试轴承被固定在两个半圆弧结构组成的保持架上，保持架可以实现对轴承肋板的完全固定。该测试实验台的设计出于两个目的：第一，通过频率扫描测试轴承结构的共振频率；第二，在确定共振频率下测试瓦块表面的模态振型，并将测试结果与有限元计算结果进行对比分析。通过上节的有限元分析结果可知，轴承模态振型的纵向振动一致。因此，为减少测试工作量，在实际模态振型测试过程中选取瓦块表面一条圆弧线为测试位置，其中点 1 和点 2 分别为测试线的中点和端点。功率放大器对信号发生器产生的正弦信号进行放大，然后同时施加到轴承的三个压电陶瓷片上，压电陶瓷片在正弦信号激励下产生高频振动，进而驱动瓦块振动。瓦块振动位移通过斜上方的激光位移传感器进行测量，最后将测量结果保存到计算机进行处理分析。为减少测试误差，实验采用多次测量求平均值的方式进行。图 7.9(b)为轴承振动特性测试实验台的实物图。

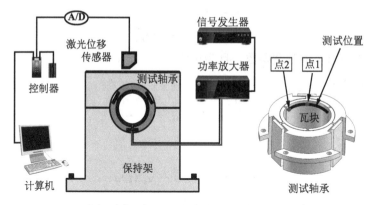

(a) 轴承振动特性测试实验台示意图

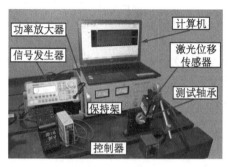

(b) 轴承振动特性测试实验台实物图

图 7.9　可倾瓦挤压膜气体轴承振动特性测试实验台

7.3.2　瓦块共振频率与振动幅值测试

挤压膜气体轴承瓦块振动扫频测试结果如图 7.10 所示。轴承振动测试时，驱动电压设置为 200 V。由图可知，轴承在扫频区间内有 5 阶共振频率，与有限元分析结果相呼应。其中第 3 阶振型共振时振动幅值为 1.534 μm，仅次于第五阶振型振动幅值，从另一方面验证了选择第三阶模态振型的合理性。有限元分析结果与实验结果详细对比如表 7.4 所示。由表 7.4 可知，有限元分析结果与实验结果基本一致，最大误差为 3.25%，验证了 ABAQUS 有限元分析结果的正确性。

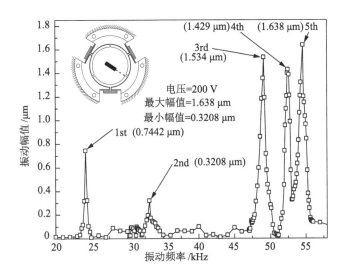

图 7.10　瓦块振动频率扫频测试曲线

表 7.4　有限元分析结果与实验结果对比

模态阶数	仿真结果（Hz）	实验结果（kHz）	误差的绝对值
1	24 383	24.2	0.76%
2	33 491	33.1	1.18%
3	49 111	49.1	0.02%
4	51 977	52.5	0.1%
5	52 825	54.6	3.25%

图 7.11 所示为瓦块振动幅值随驱动电压的变化曲线。驱动频率设置为轴承第 3 阶模态振动频率，传感器测试位置分别为点 1 和点 2，即瓦块中点和端点。为全面了解瓦块振动特性，实验分两种情况进行：首先将驱动电压从 0 V 逐渐递增到 300 V，测试瓦块振动幅值，然后将驱动电压从 300 V 递减到 0 V，测试瓦块振动幅值。由图

可知，瓦块振动幅值随驱动电压增加而线性增加，这是因为驱动电压越大，压电陶瓷片振动位移也越大，进而驱动瓦块产生较大的振动位移。同时，由瓦块随驱动电压增加而线性增加的关系可知，在图示驱动电压范围内，径向梁处于弹性变形阶段。此外，对比增大电压和降低电压曲线可知，相同驱动电压下，瓦块振动幅值存在较小差异，这可能是由压电陶瓷的迟滞特性造成的。

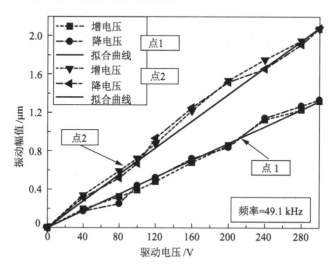

图 7.11　瓦块振动幅值曲线

7.3.3　瓦块振型测试及对比分析

在瓦块 2 测试线上沿圆周方向划分 15 个等分点，分别测试 15 个点在相同驱动电压下的振动幅值，即可获得瓦块 2 的振型分布。图 7.12 所示为瓦块表面振型分布归一化结果。驱动电压峰值为 200 V，驱动频率为 49.1 kHz。图中红色矩形曲线代表实验测试结果，白色六边形曲线代表有限元分析结果，实线曲线表示有限元结果拟合曲线。由图可知，瓦块振型呈对称分布，在两端点获得最大振动幅值。对比图中振型分布结果可知，有限元仿真结果与实验结果具有较好的一致性，曲线存在较小偏差是因为仿真是在理想情况下进行的，而实验测试情况比较复杂，尤其是边界条件约束很难保证统一。考虑各振动点之间的相位关系，对图 7.10 所示结果进行拟合，可得瓦块振型拟合函数为：

$$A(\vartheta, z) = 0.591\,6e_w + 1.152\,3e_w\cos(2.114\vartheta + 1.001\,5)$$
$$- 0.941\,6e_w\sin(4.228\vartheta + 0.432\,3) + 0.154\,3e_w\sin(6.342\vartheta + 1.433\,8) \quad (7.13)$$

式中，e_w 为最大振动位移幅值；ϑ 为瓦块振动点角度位置。

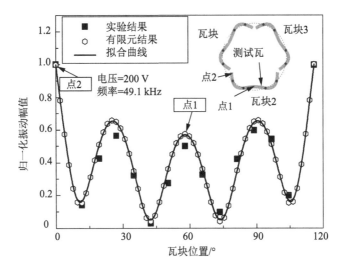

图 7.12　瓦块表面振型分布

7.4　挤压工作模式下轴承悬浮机理及悬浮承载特性理论分析

7.4.1　可倾瓦轴承安装方式

传统柔性可倾瓦轴承能够根据轴承运转状态进行自动调节，稳定性较高，在高速旋转机械中得到了广泛应用。轴承转子系统运转状态与轴承安装方式有关，通常，柔性可倾瓦轴承主要采用两种安装方式，即 LOP 型（Load On Pad）和 LBP 型（Load Between Pad），如图 7.13 所示，图中 β 为轴承偏位角，本书若无特殊说明，轴承采用 LOP 型安装方式，偏位角为 0。

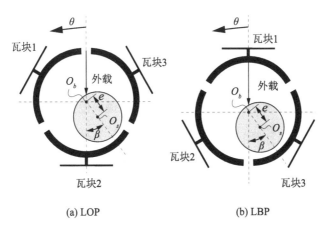

图 7.13　可倾瓦轴承两种安装方式

7.4.2 轴承悬浮机理分析

在挤压膜气体轴承运转过程中，气膜压力、悬浮承载力、瓦块位置等参量会随时间发生周期性变化，本节将对以上参量进行研究，分析各参量变化规律及承载力产生机理。

对于挤压悬浮系统，通常选择系统稳定后一个周期内的平均值作为评价参数，因此判断系统何时达到稳定是必要的研究内容。图 7.14 所示为瓦块 2 在不同偏心率下沿 x 轴方向的悬浮力稳定过程。轴承安装方式为 LOP 型，偏位角为零。由图可知，x 方向悬浮力随着计算周期增加逐渐增大，当达到一定周期数后，悬浮力趋于稳定，此时挤压悬浮系统达到稳定状态。轴承偏心率越大，挤压悬浮系统达到稳定状态需要的时间越长。这是因为偏心率越大，最小挤压膜间隙就越小，挤压效果则越明显，产生的挤压悬浮力就越大，因此达到稳定状态需要的时间就越长。

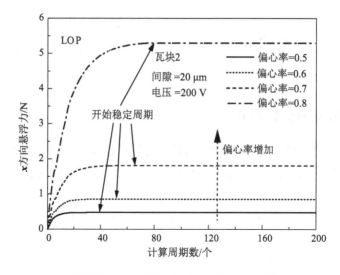

图 7.14 瓦块 2 沿 x 方向悬浮力稳定过程

挤压膜气体轴承达到稳定悬浮状态后，选取一个周期内时间分别为 0、$\dfrac{\pi}{4}$、$\dfrac{\pi}{2}$、$\dfrac{5\pi}{4}$ 和 $\dfrac{3\pi}{2}$ 时的气压分布，如图 7.15 所示。气压分布线提取位置为瓦块轴向中心线处。由图可知，气膜压力分布随时间变化而周期性变化，其压力分布关于瓦块圆周方向的中心线对称，气压分布形状与瓦块模态振型相似。这是因为轴承的安装方式为 LOP 型，轴承偏位角为零时，转子刚好在瓦块 2 的中间，因此会形成关于中心线对称的气压分布。由于瓦块振型会改变挤压气膜厚度，进而影响气压分布，因此会形成与瓦块模态振型相似的气压分布。

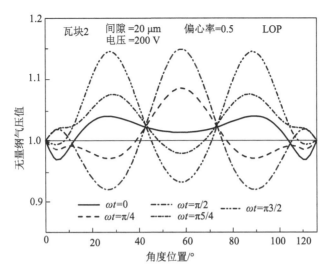

图 7.15　瓦块轴向中线位置无量纲气压分布

挤压膜气体轴承稳定悬浮后，针对一个周期内，求解域的总气压求平均值得平均气压分布，如图 7.16 所示。由图可知，整个求解域有三个明显的气压分布，分别对应轴承的三块瓦。第 1 块瓦和第 3 块瓦的气压分布相同，第 2 块瓦的平均气压分布值明显大于其它两块瓦的气压值。这是由于轴承在 LOP 型安装方式下，转子主要偏向于第 2 块瓦，在第 2 块瓦和转子之间获得最小挤压气膜厚度，较小的挤压气膜厚度产生较大的挤压悬浮效果，形成较高的气压分布。因此，LOP 型安装方式下，轴承的承载力主要由第 2 块瓦提供。此外，整个求解域内的平均气压值都大于环境气压值 1。这是因为瓦块高频振动，挤压间隙中的气体，由于挤压振动速度较快，具有粘滞性的气体不能快速挤出或吸入，导致一个稳定周期内的平均气压大于外部环境气压，这是挤压悬浮系统能够产生悬浮承载力的原因。

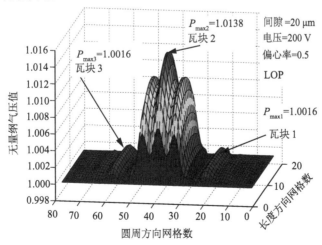

图 7.16　一个周期内平均气压分布

图 7.17 所示为一个周期内轴承瓦块悬浮力随时间的变化曲线。由图可知，三个瓦块悬浮力随时间不断变化，一个周期内悬浮力既有正值又有负值，瓦块 1 和 3 的悬浮力变化一致，瓦块 2 悬浮力的变化较其它两块瓦更大。三个瓦块的合力表现出与瓦块 2 相同的变化趋势，但是一个周期内合力的平均值(0.4191 N)小于瓦块 2 的平均值(0.4310 N)。这是由于轴承在 LOP 型安装方式下，瓦块 1 和 3 提供的挤压悬浮力方向向下，对瓦块 2 提供向上的挤压悬浮力有一定的削弱作用，因此，轴承在整个求解域内的平均悬浮力小于瓦块 2 的平均悬浮力。

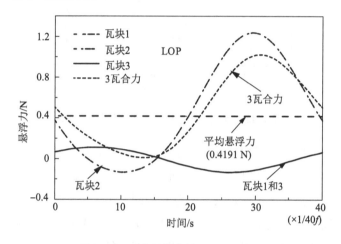

图 7.17　一个周期内轴承瓦块悬浮力

7.4.3　承载特性分析

图 7.18 所示为不同安装方式和驱动电压下挤压膜气体轴承承载力随偏心率的变化曲线图。由图可知，承载力随偏心率的增加而增大，且在较大偏心率时，承载力增加较为明显。挤压膜气体轴承承载力的大小取决于挤压效应强弱，挤压效应越强，轴承的承载力就越大。偏心率的增加，轴承最小挤压气膜厚度减小，导致挤压效应增强，因此轴承承载力增加。对比不同驱动电压下的承载力可知，驱动电压越大，轴承承载力越大。这是因为较大的驱动电压，使瓦块产生了较大的振动幅值，进而增强了轴承的挤压悬浮效果。轴承偏心率和驱动电压相同时，LOP 型安装方式获得的承载力大于 LBP 型安装方式下的承载力。

7.4.4　材料特性对承载特性影响分析

图 7.19 所示为不同安装方式下，三种材料制作的轴承承载力随偏心率的变化曲线图。如图所示，三种材料制作的轴承承载力都随偏心率增大而逐渐增加，且在较高的偏心率下，承载力增大得更快。如前所述，在较大的偏心率下，挤压膜气体轴承气膜间隙较小，挤压悬浮效果随挤压气膜间隙减小而增强，且挤压悬浮力与挤压气膜间隙之间存

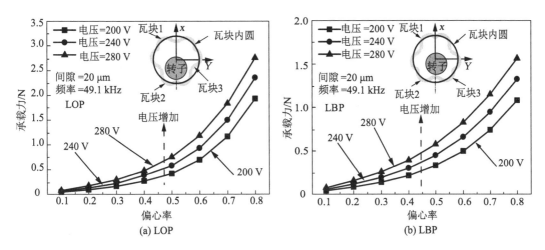

图 7.18　不同安装方式和驱动电压下承载力随偏心率的变化趋势

在一定的非线性关系。因此，承载力随偏心率递增而逐渐增加，在较大偏心率下，承载力上升较快。相同驱动电压和偏心率下，铝材料制作的轴承承载力大于其它两种材料制作的轴承承载力。这是由于铝材料制作的轴承具有较低的轴承结构刚度，相同驱动电压下能获得较大的振动幅值，进而产生较好的挤压悬浮效果。

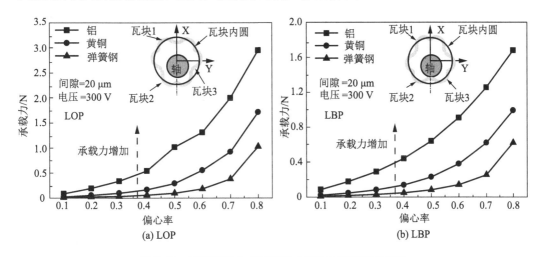

图 7.19　不同安装方式下承载力随偏心率的变化趋势

7.5　轴承悬浮特性测试及静态轨迹控制分析

7.5.1　轴承悬浮特性测试实验台

挤压膜气体轴承通过近场声悬浮效应产生的声辐射力实现对转子的支撑，通常转子的悬浮特性与挤压膜气体轴承承载特性存在一定的关系，相同状态下，转子被悬浮的越高说明轴承承载特性越好，对悬浮特性的分析是挤压膜气体轴承设计的重要环节。图7.20(a)为本章设计的轴承悬浮特性测试实验台示意图。测试实验台主要由转子、测试轴承、多孔质静压气体推力轴承、支撑架、万能倾斜分度盘、位移传感器、陶瓷片驱动系统、静压气体轴承供气系统和数据采集存储系统组成。考虑到纯挤压工作模式下，气体轴承比传统非接触式轴承承载能力小，测试实验台采用立式放置，这样可以有效减少转子对测试轴承的负载。转子径向由柔性支承可倾瓦挤压膜气体轴承支撑，竖直方向由多孔质静压气体推力轴承支撑。整个测试实验台放置于 TSK320 环球牌万能倾斜分度盘上，可以实现水平方向和垂直方向任意角度(0°~90°)的调整。

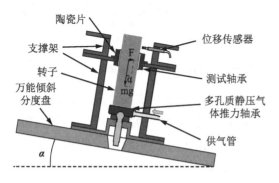
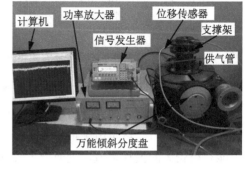

(a) 轴承悬浮特性测试实验台示意图　　　　　　(b) 轴承悬浮特性测试实验台实物图

图 7.20　柔性支承可倾瓦挤压膜气体轴承悬浮特性测试实验台

7.5.2　轴承悬浮特性测试结果分析及模型验证

图 7.21 所示为实验测得的转子悬浮高度随时间变化的曲线图。由图可知，在 0~0.3 s 内，未对压电陶瓷施加激励信号，轴承处于未工作状态，转子与轴承内壁接触，转子沿倾斜方向的位移变化量为 0.42 μm。当压电陶瓷被施加激励信号后，轴承开始工作，在声辐射力作用下，转子悬浮高度发生了明显的跳跃变化，经过 0.1 秒后稳定于 14.33 μm 附近，悬浮高度的变化量为 13.91 μm，即转子沿倾斜方向的悬浮高度为 13.91 μm。对于挤压膜气体轴承，由于激励信号量周期性变化，转子的悬浮高度并不是恒定不变的，而是在平衡位置附近周期性变化，一般选用转子稳定后一个周期内悬浮高度的平均值作为评价值。

图 7.22(a)所示为三种不同倾斜角度下，转子悬浮高度随驱动电压变化的曲线图。由图可知，转子悬浮高度随驱动电压增加而增加。相同驱动电压下，倾斜角度越大，转子悬浮高度越低。这是因为较大的倾斜角度，会使挤压膜气体轴承受较大的外载荷，挤压悬浮系统通过降低转子悬浮高度来增大挤压悬浮效果，以支撑较大的外载荷。图7.22(b)所示为三种不同名义间隙下转子悬浮高度随驱动电压变化的曲线图。由图可知，相同驱动电压下转子悬浮高度随名义间隙增加而减小，这是由于减小名义间隙会增大挤

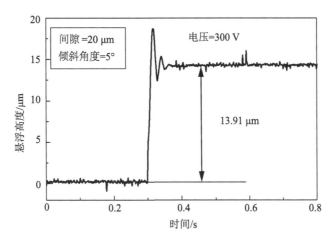

图 7.21　转子悬浮高度曲线

压效果，进而会增加转子悬浮高度。对比图 7.22 中理论结果与实验结果可知，理论预测结果与实验结果具有较好的一致性，验证了理论模型的正确性。此外，理论预测结果与实验结果存在一定的偏差，这主要是轴承加工误差造成的。

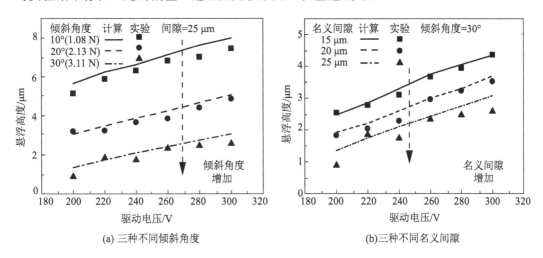

(a) 三种不同倾斜角度　　　　　　　　　　(b)三种不同名义间隙

图 7.22　不同驱动电压下转子悬浮高度理论与实验结果

7.5.3　可倾瓦挤压膜气体轴承转子位移控制求解与测试分析

转子位置的调控通过改变作用于 PZTs 的激励电压来实现。在一定激励电压范围内，瓦块振动幅值与激励电压成线性关系。采用图 7.20 所示实验台进行实验，采用三路信号发生器分别对三个瓦块施加激励信号，分别通过理论分析与实验测试获得转子中心的平衡位置分布，结果如图 7.23 所示。

图 7.23 所示为通过理论分析和实验测试获得的三种转子轨迹曲线结果，其中实验结果已经过滤波处理。由图可知三种转子轨迹理论分析与实验结果基本吻合，验证了理

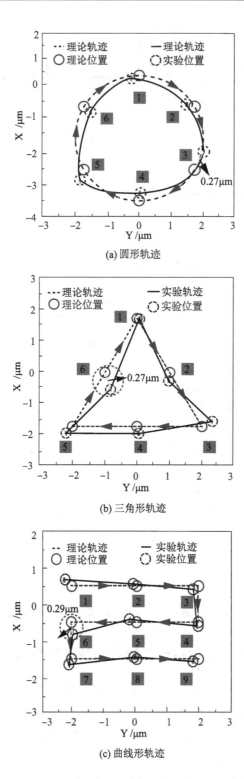

(a) 圆形轨迹

(b) 三角形轨迹

(c) 曲线形轨迹

图 7.23　三种转子轨迹理论分析与实验结果

论模型的可行性。然而，理论结果与实验结果在部分点存在一定的误差，特别是三角形轨迹误差较大。这种误差可能是由于外界振动干扰和激励信号失真引起。

7.6　结　论

本章提出了一种新型的柔性支承可倾瓦挤压膜气体轴承结构，该轴承继承了传统可倾瓦轴承的优点。介绍了该轴承的结构特点，并对其进行了有限元模态分析和应力分析，建立了该轴承承载特性求解模型及转子静态位移调控模型。在共振频率下，轴承结构对称性较好，轴承瓦块振动幅值、承载力及转子悬浮高度均随驱动电压增加而增加。通过控制不同瓦块驱动电压，可以对转子静态悬浮位置进行有效调控。

参考文献

[1]FENG K, SHI M, GONG T, et al. A novel squeeze-film air bearing with flexure pivot-tilting pads: numerical analysis and measurement[J]. International Journal of Mechanical Sciences, 2017, 134: 41-50.

[2]STOLARSKI T A, CHAI W. Self-levitating sliding air contact [J]. International Journal of Mechanical Sciences, 2006, 48(6): 601-620.

[3]MOODY J, DARKEN C J. Fast learning in networks of locally-tuned processing units[J]. Neural Computation, 1989, 1(2): 281-294..

[4]王旭东，邵惠鹤. RBF 神经网络理论及其在控制中的应用[J]. 信息与控制, 1997, 26(4): 272-284.

第8章　可倾瓦挤压膜气体轴承转动特性分析

流体动压轴承利用动压效应产生的悬浮力实现对转子的支撑。随着旋转机械向高转速、高负荷和低功耗的方向发展，动压气体轴承转子系统稳定性不足的问题不断凸显。挤压膜气体轴承利用挤压效应产生的声辐射力实现对转子的支撑。本章将在第7章的基础之上，将流体动压轴承的动压效应引入到挤压膜气体轴承中，研究挤压效应和动压效应耦合之后挤压膜气体轴承的工作机理。

8.1　新型挤压膜气体轴承耦合工作机理及工作模式

本书将传统动压气体轴承的工作模式定义为动压工作模式，将挤压膜气体轴承在纯挤压效应（转速为零）下的工作模式定义为挤压工作模式，将挤压膜气体轴承耦合动压效应之后的工作模式定义为耦合工作模式。需要指出的是挤压膜气体轴承的工作模式并不唯一。轴承工作时，可以选择挤压工作模式，也可以选择动压工作模式，同时也可以选择两种耦合的工作模式。在第7章已对挤压工作模式进行了研究，传统的非接触式动压气体轴承在动压工作模式下的特性已为众多研学者进行分析，在此不再赘述。本节将对耦合工作模式下可倾瓦挤压膜气体轴承的运转机理和运转模式进行分析阐述。

8.1.1　轴承耦合工作机理

图8.1所示为柔性支承可倾瓦挤压膜气体轴承耦合工作机理示意图。挤压膜气体轴承在耦合工作模式下，挤压效应和动压效应同时存在，两种效应相互作用，共同产生支撑转子的承载力。当转子在轴承中产生一定偏心时，根据流体动压形成机理可知，转子高速旋转带动间隙中的流体流向楔形间隙，进而形成一定的流体正压力。相同转速下，转子偏心率越大，流体动压效应越明显，产生的承载力就越大。同样，挤压效应产生的悬浮力也会随着偏心率的增加而非线性增加，且随时间不断变化。辐射体瓦块表面与转子之间的气膜间隙或增大或减小，气膜间隙的改变会影响动压效应产生的承载力，同时动压效应产生的气膜压力也会反过来作用于瓦块，驱使瓦块产生一定的振动，进而影响挤压效应。因此，在耦合工作模式下，轴承间隙中的气膜压力是挤压效应和动压效应相互耦合、共同作用的结果。悬浮承载力将包含两部分，分别是挤压效应产生的声辐射力

和动压效应产生的气膜压力，两种力的耦合为转子提供支撑悬浮力。需要强调的是，由于挤压悬浮力的周期性变化，导致耦合后的承载力也会随时间周期性变化。

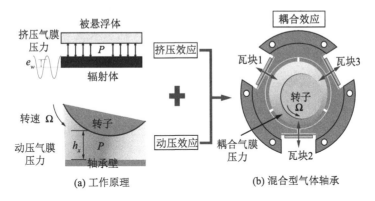

(a) 工作原理　　　　　(b) 混合型气体轴承

图 8.1　可倾瓦挤压膜气体轴承耦合工作机理

8.1.2　轴承耦合工作模式

图 8.2 所示为挤压膜气体轴承在耦合工作模式下轴承各状态参数随时间变化的曲线图。由图可知，轴承在耦合工作模式下主要分为三个阶段[1]。在第 I 阶段，激励压电陶瓷片振动的驱动信号释放，转子不发生转动，速度为零，系统处于挤压悬浮状态。此时，支撑转子悬浮的力主要由挤压效应提供，轴承处于挤压工作模式下。当挤压悬浮系统达到稳定状态后，轴承承载力为恒定值，挤压效应产生的承载力足够大时，转子将被完全悬浮。在第 II 阶段，转子启动，速度不断增加，系统处于挤压效应和动压效应耦合的过渡状态。此时，支撑转子悬浮的力由动压承载力和挤压悬浮力共同提供，轴承处于

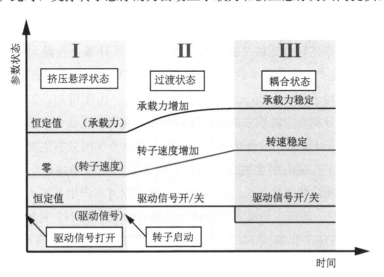

图 8.2　挤压膜气体轴承耦合工作模式下各参数变化状态

耦合工作模式下。承载力随着转速的递增而不断增加，动压效应和挤压效应相互耦合，共同作用于转子。在第Ⅲ阶段，转子速度稳定，不再变化，系统处于挤压效应和动压效应耦合的稳定状态。支撑转子悬浮的力同样由动压承载力和挤压悬浮力共同提供，轴承处于动压效应和挤压效应共同作用的耦合工作模式，轴承承载力恒定，系统稳定运转。需要指出的是，挤压膜气体轴承耦合工作模式并不是唯一的，以上的工作模式只是一种方式，工作中需要根据实际运转情况选择相应的运转模式。例如，在第Ⅲ阶段，耦合系统达到稳定运转后，可以将压电陶瓷片驱动信号关闭，使轴承转子系统处于动压工作模式。因此，耦合动压效应之后的挤压膜气体轴承是一种混合型轴承，应用范围更广。

8.2　新型挤压膜气体轴承转动特性理论分析

通过以上分析可知，挤压膜气体轴承可以分别在三种工作模式下运行，而每种工作模式下轴承的承载机理却截然不同。本节将从理论角度分析耦合动压效应之后的柔性支承可倾瓦挤压膜气体轴承的工作机理，并对不同结构和工况下的轴承转动特性进行预测[2]。

8.2.1　轴承耦合工作模式机理分析

为了深入了解耦合工作模式下挤压膜气体轴承的工作机理，本小节将对挤压膜气体轴承在三种不同工作模式下的气膜压力进行求解，并对结果进行对比分析。

图 8.3 所示为三种工作模式下柔性支承可倾瓦挤压膜气体轴承的气压膜压力分布。轴承的名义间隙为 20 μm，偏心率为 0.7，采用 LOP 型安装方式，环境气压值为 1。图 8.3(a) 为挤压工作模式下轴承的气膜压力分布，驱动电压为 200 V，转子速度为 0。由图可知，偏心率的存在导致瓦块 2 获得较大的平均气压分布，且最大无量的压力值为 1.065，挤压工作模式下轴承的承载力为 1.834 3 N。图 8.3(b) 为动压工作模式下轴承的气膜压力分布，转子速度为 20 krpm，驱动电压为 0。由图可知，轴承的气压分布主要分为三个区域，分别对应轴承三块瓦的压力分布。瓦块 1 气压分布主要为正压，瓦块 2 表现出较大的气压分布值，但是存在部分负压，瓦块 3 气压分布主要为负压，这是因为在动压工作模式下，偏心率会造成轴承在瓦块 2 处的气膜间隙最小，沿转子转动方向，流体流向收敛间隙将产生正压力，而流向发散间隙时将产生负压力。瓦块 2 最大无量纲压力值为 1.572，动压工作模式下的轴承承载力为 16.624 N。对比图 8.3(a) 和 8.3(b) 可知，轴承在挤压工作模式下，三个瓦块都提供正向悬浮力，而动压工作模式下，主要由瓦块 1 和瓦块 2 提供正向悬浮力。动压工作模式下的气压分布值明显大于挤压工作模式下的气压分布值，并且动压工作模式下的承载力远大于挤压工作模式下的承载力。图 8.3(c) 为耦合工作模式下轴承的气膜压力分布值，转子速度为 20 krpm，驱动电

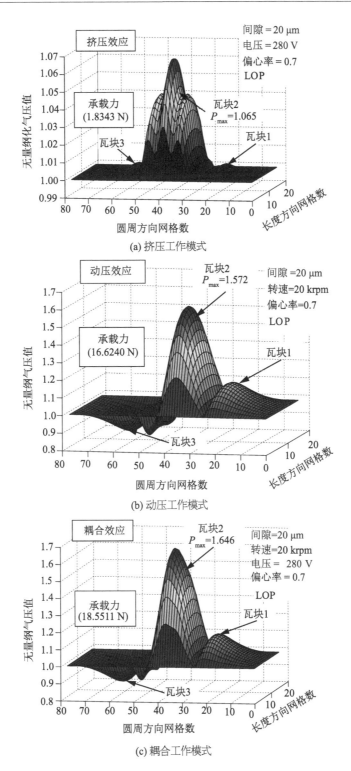

(a) 挤压工作模式

(b) 动压工作模式

(c) 耦合工作模式

图 8.3　三种工作模式下新型挤压膜气体轴承气压分布

压为 200 V。由图可知，耦合工作模式下轴承的气压分布也表现出明显的三个区域，且与动压工作模式气压分布相似。瓦块 2 最大无量纲压力值为 1.646，耦合工作模式下的轴承承载力为18.551 1 N。对比图 8.3 可知，轴承在动压工作模式下耦合挤压工作模式后，气压分布峰值会增加，同时承载力也会增加，这说明动压效应和挤压效应耦合之后会表现出一定的正向效应，对轴承的承载力有一定的促进作用。

图 8.4 所示为轴承在三种工作模式下一个运行周期内悬浮力的变化曲线，轴承计算参数与图 8.3 的计算参数相同。由图可知，轴承在挤压工作模式下，轴承悬浮力随时间不断变化，这是因为在一个周期内挤压振动的幅值不断变化，造成挤压效果不断变化，进而产生随时间变化的悬浮力。轴承在动压工作模式下，其悬浮力不随时间变化，这是因为在给定工作参数下的动压气体轴承的运转状态是不变的，因此，动压效应产生的悬浮力大小不变。而轴承在耦合工作模式下，其悬浮力随时间不断变化，这是因为耦合效应中挤压效应产生的悬浮力导致了耦合状态下悬浮力的变化，但是，值得注意的是其悬浮力变化趋势与挤压工作模式下悬浮力的变化趋势并不一样，这说明动压效应和挤压效应耦合后的悬浮力并不是两种效应分别产生悬浮力的线性叠加。对比三种工作模式下的悬浮力可知，耦合工作模式下的悬浮力大于其他两种工作模式下的悬浮力。

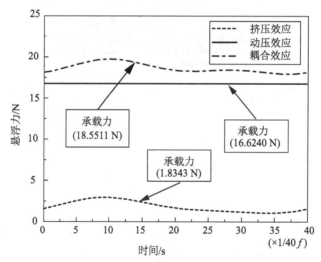

图 8.4　轴承在三种工作模式下一个周期内悬浮力的变化

8.2.2　不同参数下轴承转动特性分析

图 8.5 所示为轴承在不同安装方式和工作模式下承载力随偏心率的变化曲线图。程序计算时，轴承名义间隙为 20 μm，转速为 20 krpm，驱动电压为 280 V。由图可知，轴承在三种工作模式下，承载力都随偏心率的增加而增加，轴承在两种安装方式下表现出相同的变化趋势。这是因为动压效应和挤压效应产生的气膜压力都随偏心率增加而增加，因此，偏心率增加会产生较大的悬浮承载力。对比动压工作模式和挤压工作模式可

知，随着偏心率的增加，动压工作模式下承载力的变化率更大，这说明动压效应产生的承载力对偏心率的变化更为敏感。此外，由图可知，当偏心率相同时，轴承在耦合工作模式下的承载力最大，这说明挤压效应和动压效应耦合后对承载力具有促进作用，但是耦合工作模式下的承载力并不是两者承载力的线性叠加。值得注意的是，当偏心率从 0.1 增大到 0.5 时，耦合工作模式下的承载力和动压工作模式下的承载力曲线相近，而当偏心率继续增大时，两种工作模式下的承载力差距加大。当偏心率较小时，挤压效应较弱，由挤压效应产生的承载力较小，当两种效应耦合时，挤压效应对承载力的促进作用并不明显，因此，耦合工作模式和动压工作模式表现出大小相近的承载力。当偏心率较大时，挤压效应较强，由挤压效应产生的承载力较大，使耦合工作模式与动压工作模式下的承载力差距变大。

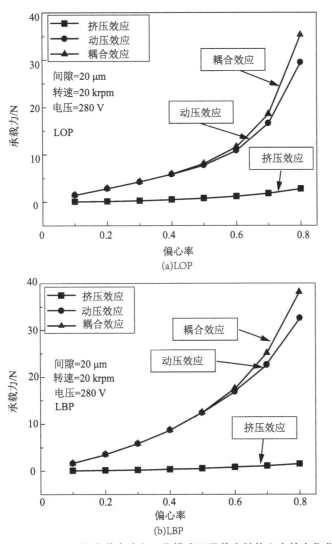

图 8.5　不同安装方式和工作模式下承载力随偏心率的变化曲线

　　图 8.6 为不同安装方式和名义间隙下承载力随转速的变化曲线图。轴承驱动电压为 200 V，偏心率为 0.5，三种名义间隙分别为 15 μm、20 μm 和 25 μm。由图可知，轴承在耦合工作模式下的承载力随转速的递增而不断增加，这与传统气体动压轴承的变化规律相似。这是由于转速增加导致动压效应增强，由动压效应产生的承载力增大，导致耦合工作模式下的承载力增加。轴承转速相同时，随着名义间隙的增加，承载力下降，轴承在两种安装方式下表现出相同的变化趋势。名义间隙增加会造成轴承楔形间隙变化，动压效应减弱，由前面研究分析可知，挤压效应随着名义间隙的增加会减弱，因此，耦合工作模式下的承载力随名义间隙的增加而降低。对比图 8.6(a) 和 8.6(b) 可知，在相

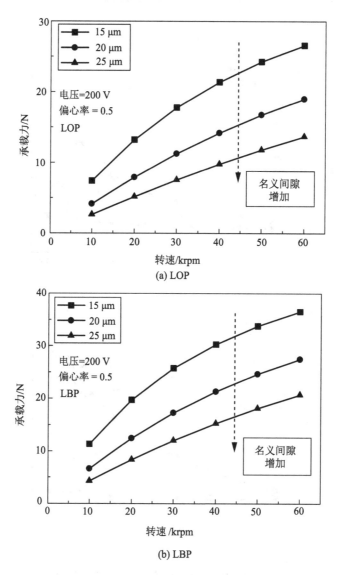

图 8.6　不同安装方式和名义间隙下承载力随转速的变化曲线

同转速和名义间隙下，轴承在LBP型安装方式下的承载力大于 LOP 型安装方式下的承载力。耦合工作模式下的承载力包含两种，一种是挤压效应提供的承载力，一种是动压效应提供的承载力。由前面研究分析可知，挤压工作模式下，轴承在 LBP 型安装方式下的承载力小于在 LOP 型安装方式下的承载力，而对于传统可倾瓦气体动压轴承，LBP 型安装方式下的承载力大于 LOP 型安装方式下的承载力。结合图 8.3、图 8.4 和图 8.5 的研究结果可知，耦合工作模式下的承载力主要由动压效应来提供，特别是在轴承偏心率较小的情况下。因此，在耦合工作模式下，LBP 型安装方式下的轴承承载力大于 LOP 型安装方式下轴承的承载力。

图 8.7 所示为不同安装方式和振动幅值下承载力随转速的变化曲线图。图中 A 为瓦块表面最大振动幅值。由图可知，挤压膜气体轴承在耦合工作模式下，承载力随转速增加而增加，随振动幅值增加而增加，两种安装方式下表现出相似的变化规律。振动幅值增加，

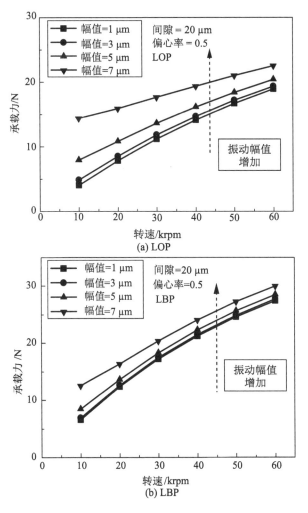

图 8.7　不同安装方式和振动幅值下承载力随转速的变化趋势

导致在耦合工作模式下的挤压效应产生的承载力增加，因此轴承能获得较大的承载力。由图可知，振动幅值越大，承载力的增加就越明显。例如，在 LOP 型安装方式下，当转速为 20 krpm 时，四个振动幅值对应的轴承承载力分别为 7.8 N、8.5 N、10.8 N 和 15.9 N。这是因为挤压效应产生的承载力随振动幅值的增大而非线性增加，从而导致了在耦合工作模式下出现这种变化规律。轴承在 LBP 型安装方式下产生的承载力大于在 LOP 型安装方式下的承载力，这与前面结果一致。需要指出的是，轴承在 LOP 型安装方式下，振动幅值增加导致承载力的变化明显大于在 LBP 型安装方式下承载力的变化。这是因为在挤压工作模式下，轴承在 LOP 型安装方式下的挤压效果优于在 LBP 型安装方式下的挤压效果，因此，在耦合工作模式时，轴承在 LOP 型安装方式下承载力随振动幅值的变化更为明显。

8.3　轴承转动特性测试实验台

图 8.8 所示为轴承转动特性测试实验台实物图。转动特性测试实验台是在悬浮承载特性实验台的基础上重新进行设计加工而成的。实验台整体结构与轴承承载特性实验台相似，转动特性实验台添加了涡轮驱动系统来驱动转子，其示意图如图 8.9 所示。转子由气动涡轮驱动，通过螺母与涡轮连接。涡轮壳圆周方向均匀分布的喷嘴喷出的气流驱动涡轮转动，进而带动转子旋转。实验台采用无油双螺杆空气压缩机为涡轮壳和多孔质静压气体推力轴承提供干燥清洁的气源。实验过程中，通过电气比例阀调整供气压力大小实现对涡轮转速的控制。转子采用立式放置，其重力可以使转子在轴向保持稳定。为确保实验的准确性，实验台设计时转子和涡轮装配后的质心与轴承中心保持在同一水平面内。实验过程中，通过不断改变万能倾斜分度盘的倾斜角度，实现对轴承施加不同外载荷的目的。两个沿圆周方向垂直分布的电涡流位移传感器测试转子在水平方向的振动位移，轴向布置的光电转速传感器测试转子的转速。

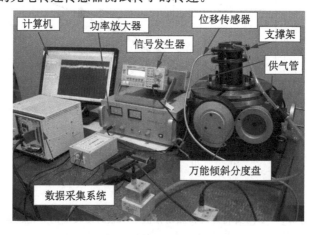

图 8.8　轴承转动特性测试实验台实物图

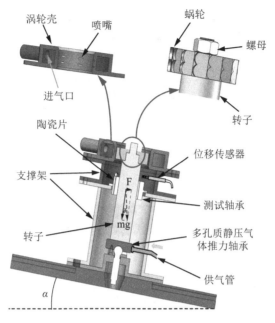

图 8.9　轴承转动特性测试实验台主体部分

8.4　轴承转动特性测试结果分析及模型验证

图 8.10 所示为轴承在动压工作模式和耦合工作模式下转子沿两个传感器方向的振动位移测试结果。由图可知，转子从动压工作模式（驱动电压为零）调至驱动电压为200 V，在动压工作模式下耦合挤压效应，轴承在耦合模式下运转时，转子沿 x 方向和 y 方向的振动位移峰值分别为 32 μm 和 21 μm。对比两种模式下的转子振动位移可知，在动压模式下耦合挤压模式后，转子沿 x 方向和 y 方向的振动位移都发生了一定程度的减小，减小率分别为 20％和 12.5％。这说明在动压模式下耦合挤压效应后，挤压效应产生的声辐射力对转子的振动产生了一定的抑制作用，文献[3,4]也证实了这一结果。

图 8.11 所示为不同驱动电压下转子运动轨迹的理论与实验结果曲线图。由图可知，轴承在耦合工作模式下，随着驱动电压增加，转子的运动轨迹范围逐渐减小，这是由于轴承在耦合工作模式下，动压效应和挤压效应产生的耦合气膜压力在支撑转子。当转速较小时，轴承的刚度主要由耦合气膜产生的刚度决定，随着驱动电压增加，挤压效应产生的气膜压力增大，导致挤压效应和动压效应耦合后的气膜压力增大，进而导致耦合气膜刚度增加，增加的气膜刚度会抑制转子的振动，驱动电压越大，抑制作用越强。因此，转子轨迹范围随驱动电压增加表现出减小的趋势。由图可知，理论结果和实验结果的变化趋势相近，证明了理论模型的正确性。

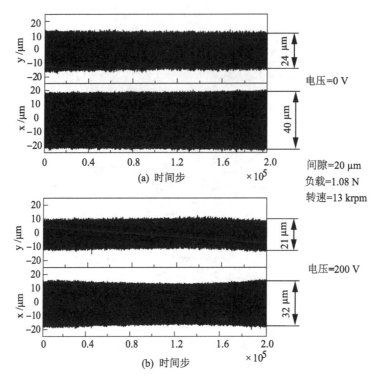

图 8.10　不同工作模式下转子两个方向的振动位移

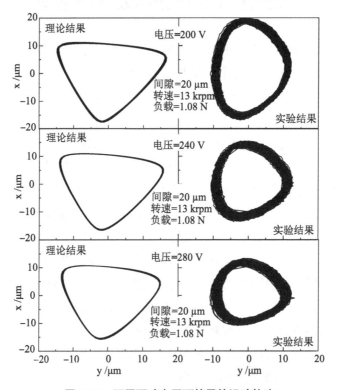

图 8.11　不同驱动电压下转子的运动轨迹

8.5　结　论

本章对可倾瓦挤压膜气体轴承的转动特性进行了分析研究，讨论了挤压膜气体轴承在不同运转工作模式下的特点，不同工作模式下支撑转子的悬浮力由不同效应提供，混合工作模式下，挤压悬浮力可以用于减弱轴承启停阶段产生的磨损。同时挤压效应产生的悬浮力也可以用于抑制转子的振动，提升系统稳定性，为气体轴承实现主动化、智能化提供一定的参考依据。

参考文献

[1]SHI M，FENG K，HU J，et al. Near-field acoustic levitation and applications to bearings：a critical review[J]. International Journal of Extreme Manufacturing，2019，1(3)：032002.

[2]SHI M，LIU X，FENG K，et al. Running performance of a squeeze film air bearing with flexure pivot tilting pad[J]. Tribology Transactions，2020，63(4)：704-717.

[3]STOLARSKI T A，Gawarkiewicz R，Tesch K. Extended duration running and impulse loading characteristics of an acoustic bearing with enhanced geometry[J]. Tribology Letters，2017，65(2)：1-8.

[4]STOLARSKI T A，GAWARKIEWICZ R，TESCH K. Acoustic journal bearing-Performance under various load and speed conditions[J]. Tribology International，2016，102：297-304.

附录　主要参数说明

有量纲参数

f	压电陶瓷激振频率	kHz
λ	波长	m
p	气膜压力	Pa
ρ	气膜密度	kg/m^3
A	导轨横截面积	mm^2
ρ_0	导轨的材料密度	kg/m^3
p_a	环境气体压力	Pa
E	导轨材料的杨氏模量	GPa
a_1、a_2	导轨的振幅	μm
ρ_a	为环境气体密度	kg/m^3
Ω	转子角速度	rad/s
m	转子质量，悬浮板的质量	kg
h	气膜厚度	mm
h_0	平均悬浮高度	mm
C	轴承名义间隙	mm
e	偏心距	mm
g	重力加速度	m/s^2
L	轴承的宽度	mm
r	主轴半径	mm
h_s	静态气膜厚度	mm
h_d	动态气膜厚度	mm
r_g	高速转子由于离心产生的径向伸长量	mm
e_x, e_y	x、y 方向上的偏心距	mm
$F_{P\delta}$	气膜力作用在瓦块上的径向力	N

$M_{P\varphi}$	气膜力作用在瓦块上的倾覆力矩	Nm
F_{mpx}、F_{mpy}	x、y 方向平均承载力	N
r_p	瓦块预载位移	mm
θ_p	瓦块支点位置角	rad
δ	瓦块径向位移	mm
η_h	瓦块横向运动位移	mm
K_δ	径向刚度	N/m
K_φ	转动刚度	Nm/rad
Φ	瓦块倾斜角度	rad
η	流体动力粘度	Pa・s
ω	振动角频率	rad/s
e_w	可倾瓦振动幅值	μm
ξ_0	激振板的最大振幅	mm
N_1、N_2	悬浮板沿导轨长度、竖直方向所受的力	mm
M_1	转动力矩	Nm
l_c、l_h、l_d	导轨的厚度、长度、宽度	mm
l_a、l_b、l_e	悬浮板的长度、宽度、厚度	mm
r_d	悬浮板的周向槽在径向方向的宽度	mm
R_d	悬浮板相邻两个周向槽之间的径向距离	mm
l_g	悬浮板上刻槽的长度	mm
l_s	槽长度方向的端部到悬浮板边缘的距离	mm
w_1	方形板刻槽的槽宽	mm
w_2	方形板的相邻刻槽之间的槽台宽度	mm
$\dot{u}$、$\dot{v}$	悬浮板在 x、y 方向的速度	m/s
$\ddot{u}$、$\ddot{v}$	悬浮板在 x、y 方向的加速度	m/s^2
t	时间	s

无量纲参数

P	无量纲挤压气膜压力
H	无量纲挤压气膜厚度
R	无量纲径向坐标
L	无量纲轴承宽度
O_b	轴瓦中心

Re_L	气体的雷诺数
O_b	主轴中心
T	无量纲时间
θ	轴承的周向坐标
ϑ	瓦块振动点角度位置
Z	轴承的轴向坐标
σ	气体挤压系数
Λ_x	x 方向的轴承数
Λ_y	y 方向的轴承数
α_x	x 方向的加速度系数
α_y	y 方向的加速度系数
SWR	驻波比